编委会

主　编

孙广瑜

编　者

吴清风　任　伟　朱　贺　李　新

严默非　王　佳　金　慧　周岩辉

阳　艳　卓儒洞　李悦丰　丁　文

高建亮　白雅君

飞思建筑考试中心
Fecit Construction Test Center

孙广瑜　　　　主编
飞思数字创意出版中心　监制

全国二级建造师执业资格考试

采分点必背

——建设工程法规及相关知识

电子工业出版社
Publishing House of Electronics Industry
北京·BEIJING

内容简介

本书是全国二级建造师执业资格考试的复习参考书。编者依据最新版考试大纲的要求进行编写，依据考试试题"点多、面广、题量大、分值小"的特点，对历年考点及历年考试真题进行分类解析，并进一步提炼出"采分点"而成。全书语句精炼、准确，必背"采分点"突出。使考生能够了解命题趋势和命题重点，并能掌握解题思路和答题技巧。

本书将考试大纲和复习指导用书融为一体，可全面、系统地帮助考生复习，为考生提供了一本高效的复习自学用书。此外，本书还可供高等院校相关专业的师生进行参考。

未经许可，不得以任何方式复制或抄袭本书的部分或全部内容。

版权所有，侵权必究。

图书在版编目（CIP）数据

全国二级建造师执业资格考试采分点必背.建设工程法规及相关知识 / 孙广瑜主编.
北京：电子工业出版社，2011.4
（飞思建筑考试中心）
ISBN 978-7-121-06716-7

Ⅰ. ①全… Ⅱ. ①孙… Ⅲ. ①建筑法－中国－建筑师－资格考核－自学参考资料 Ⅳ. ①TU

中国版本图书馆 CIP 数据核字(2011)第 028611 号

责任编辑：何郑燕
特约编辑：李新承
印　　刷：北京东光印刷厂
装　　订：三河市鹏成印业有限公司
出版发行：电子工业出版社
　　　　　北京市海淀区万寿路 173 信箱　　邮编：100036
开　　本：787×1092　1/16　印张：18.75　字数：480 千字
印　　次：2011 年 4 月第 1 次印刷
印　　数：4 000 册　　定价：38.00 元

《中华人民共和国建筑法》第十四条规定："从事建筑活动的专业技术人员，应当依法取得相应的执业资格证书，并在执业证书许可的范围内从事建筑活动。"二级建造师执业资格考试实行全国统一大纲，各省、自治区、直辖市命题并组织考试的制度，成绩两年内滚动有效。

怎样才能顺利通过全国二级建造师执业资格考试呢？这就要从考试的特点入手进行分析。总体来说，全国二级建造师执业资格考试具有"点多、面广、题量大、分值小"的特点，这些特点就决定了凭借以往那种押题、扣题式的复习方法很难通过考试，而进行全面系统的复习和准备会更加有效。但是，对于考生来说，这种全面、系统的复习又面临着一个突出的矛盾：一方面考试教材涉及面广，信息量大，需要记忆学习的内容多；另一方面这类考生大多数不同于全日制学生，他们的时间多是零散的，难以集中精力进行复习。因此广大考生热切盼望着能够有一种行之有效的复习方法来解决这个矛盾。

本套"采分点必背"丛书就定位在为考生解决这个矛盾，具体来说本套丛书具有如下特点。

1. 撷精取粹，抓住要点。编者对考试大纲、教材和历年考试真题进行了细致分析，在吃透考试精神的基础上，撷精取粹，提炼出考试可能出题的各个考点。

2. 融会贯通，对比记忆。以出题者的角度进行思考，找出考试最可能涉及的"易混淆点"，加深考生的记忆。这样形成的一个个"采分点"的过程，是分析、提炼、总结的过程，更是对知识融会贯通的过程。

在经过了长期对考试特点的研究，对历年考试进行分析、精炼和总结，在掌握了其中的规律后，这套倾注了编者无数心血的"采分点必背"丛书才得以编写完成。本书直指考试要害，帮助考生在最短的时间内取得最好成绩，是考生考前冲刺复习最实用的参考书。

二级建造师执业资格考试设有《建设工程施工管理》、《建设工程法规及相关知识》和《专业工程管理与实务》三个科目。综合考试包括《建设工程施工管理》和《建设工程法规及相关知识》两个科目，这两个科目为各专业考生的统考科目。专业知识为《专业工程管理与实务》一个科目。

各科考试时间、题型、题量及分值见下表。

序号	科目名称	考试时间	题型	题量	满分
1	建设工程法规及相关知识	2 小时	单选题 多选题	60 20	100
2	建设工程施工管理	3 小时	单选题 多选题	70 25	120
3	专业工程管理与实务	3 小时	单选题 多选题 案例题	20 10 4	120 其中案例题80分

本书在编写过程中得到了众多专家学者的大力支持，但因涉及内容广泛，书稿虽经全体编者精心编写、反复修改，不当之处在所难免，欢迎广大读者指正。

　　本书由孙广瑜，参与编写的人员还有吴清风、任伟、朱贺、李新、严默非、王佳、金慧、周岩辉、阳艳、卓儒洞、李悦丰、丁文 、高建亮、白雅君。

编　者

2011 年 1 月

联系方式

咨询电话：（010）88254160　　88254161-67

电子邮件：support@fecit.com.cn

服务网址：http://www.fecit.com.cn　　http://www.fecit.net

目 录

第 1 部分　建设工程法律制度（2Z201000）

CONTENTS

第1部分
建设工程法律制度（2Z201000）

第 1 章

建造师的相关管理制度（2Z201010）

【重点提示】

2Z201011　了解建造师制度框架体系

2Z201012　掌握考试管理

2Z201013　掌握注册管理

2Z201014　掌握执业管理

2Z201015　掌握继续教育管理

2Z201016　掌握信用档案管理

2Z201017　掌握监督管理

【采分点精粹】

采分点 1： 建设工程法律制度是由与工程建设相关的法律所构建的法律体系。这些构成建设工程法律制度的法律规范着工程建设的不同领域，从横向上<u>涵盖了建设工程项目的全过程管理</u>，从纵向上<u>包含了项目管理的主要内容</u>。

　　　　——**易混淆点：** 包含了项目管理的主要内容，涵盖了建设工程项目的全过程管理

采分点 2： 建造师执业资格制度起源于 <u>1834 年的英国</u>，近三十年在<u>美国</u>得到进一步深化和发展。

　　　　——**易混淆点：** 1829 年的美国，英国；1830 年的德国，英国

采分点 3： 目前，世界上成立的国际建造师协会的成员有美国、英国、印度、南非、智利、日本和澳大利亚等 <u>17 个</u>国家和地区。

　　　　——**易混淆点：** 14 个；15 个；16 个

采分点 4： 建造师执业资格制度的实施工作由<u>人力资源和社会保障部</u>与<u>住房和城乡建设部</u><u>共同</u>负责。

——**易混淆点：** 人力资源和社会保障部；住房和城乡建设部

采分点 5： 建造师管理体制遵循"<u>分级管理、条块结合</u>"的原则。

——**易混淆点：** 分类管理；分层管理

采分点 6： <u>住房和城乡建设部</u>负责对全国注册建造师实行统一的监督管理，国务院各专业部门按照职责分工，负责对本专业注册建造师监督管理。

——**易混淆点：** 人力资源和社会保障部

采分点 7： <u>各省建设厅和同级的各专业部门</u>负责本省和本专业的二级注册建造师监督管理。

——**易混淆点：** 国务院各专业部门

采分点 8： 建造师执业资格制度遵循"<u>分级别、分专业</u>"的原则。

——**易混淆点：** 分层次、分专业；分类别、分专业

采分点 9： 根据我国现行行政管理体制的实际情况，结合现行的施工企业资质管理办法，建造师可划分为<u>两个</u>级别，每个级别又划分为若干个专业。

——**易混淆点：** 三个；四个

采分点 10： 一级建造师相对于二级建造师在职业划分方面多出了<u>4</u>项。（2006 年考试涉及）

——**易混淆点：** 2；3；5

采分点 11： 注册建造师制度体系由"1＋6"个文件构成。其中，"1"为<u>《注册建造师管理规定》</u>。

——**易混淆点：**《注册建造师执业管理办法》（试行)；《注册建造师执业工程规模标准》（试行)

采分点 12：注册建造师制度体系由"1＋6"个文件构成。其中，"6"包含：《一级建造师注册实施办法》、《注册建造师执业工程规模标准》（试行）、《注册建造师施工管理签章文件目录》（试行）、《注册建造师执业管理办法》（试行）、《注册建造师继续教育管理办法》和《注册建造师信用档案管理办法》。

　　——**易混淆点**：《注册建造师管理规定》

采分点 13：注册建造师执业制度体系由"1＋3"个文件构成。其中，"3"包含：《注册建造师执业管理办法》（试行）、《注册建造师执业工程规模标准》（试行）和《注册建造师施工管理签章文件目录》（试行）。

　　——**易混淆点**：《注册建造师管理规定》；《注册建造师执业管理办法》（试行）

采分点 14：建造师执业资格制度体系由六大标准作为支撑。

　　——**易混淆点**：四大标准；五大标准

采分点 15：我国建造师执业资格分为一级建造师和二级建造师两个级别。

　　——**易混淆点**：一级建造师、二级建造师和三级建筑师三个

采分点 16：一级建造师执业资格考试实行"统一大纲、统一命题、统一组织"的考试制度。

　　——**易混淆点**：全国统一大纲，各省、自治区、直辖市组织命题考试

采分点 17：一级建造师考试中的综合科目包括：建设工程经济、建设工程项目管理、建设工程法规及相关知识。

　　——**易混淆点**：建设工程经济和建设工程施工管理

采分点 18：一级建造师考试实行"三加一"的考试制度。

　　——**易混淆点**：二加一；四加一

采分点 19：一级建造师考试中的管理与实务考试科目由考生根据工作需要选择10个专业中的一个专业参加考试。

　　——**易混淆点**：6个；8个

采分点 20：二级建造师执业资格实行全国统一大纲，<u>各省、自治区、直辖市组织命题考试</u>的制度。

    ——**易混淆点**：全国统一

采分点 21：二级建造师考试实行"<u>二加一</u>"的考试制度。

    ——**易混淆点**：三加一；四加一

采分点 22：二级建造师考试中的综合科目包括：<u>建设工程施工管理、建设工程法规及相关知识</u>。

    ——**易混淆点**：建设工程经济、建设工程项目管理、建设工程法规及相关知识

采分点 23：二级建造师考试中的管理与实务考试科目由考生根据工作需要选择 <u>6 个</u>专业中的一个专业参加考试。

    ——**易混淆点**：8 个；10 个

采分点 24：建造师的注册可分为<u>初始注册、延续注册、变更注册和增项注册</u>。（2010 年考试涉及）

    ——**易混淆点**：年检注册

采分点 25：注册证书和执业印章是注册建造师的执业凭证，<u>由注册建造师本人</u>保管和使用。

    ——**易混淆点**：注册建造师所在的聘用单位

采分点 26：建造师初始注册证书与执业印章的有效期为 <u>3 年</u>。（2010、2006 年考试涉及）

    ——**易混淆点**：5 年；4 年；2 年

采分点 27：注册建造师延续执业，应在注册有效期满 30 日前申请延续注册，延续注册的注册证书与执业印章有效期为 <u>3 年</u>。

    ——**易混淆点**：2 年；4 年；5 年

采分点 28：变更注册后的注册证书与执业印章的有效期与原注册的有效期<u>相同</u>。

    ——**易混淆点**：不相同

采分点 29：多专业注册的注册建造师，其中一个专业注册期满仍需以该专业继续执业和以其他专业执业的，应当及时办理<u>续期注册</u>。

　　　　——**易混淆点：**重新注册；变更注册

采分点 30：因变更注册申报不及时而影响注册建造师执业，导致工程项目出现损失的，由<u>注册建造师所在的聘用企业</u>承担责任，并作为不良行为记入<u>企业</u>信用档案。

　　　　——**易混淆点：**注册建造师本人，个人；注册建造师本人和所在的聘用企业共同，企业

采分点 31：通过二级建造师资格考核认定，或参加全国统考取得二级建造师资格证书并经注册的人员，可在<u>全国范围内</u>以二级注册建造师名义执业。

　　　　——**易混淆点：**取得资格证书所在地

采分点 32：建设工程施工活动中形成的有关工程施工管理文件，应当由<u>注册建造师</u>签字并加盖执业印章才有效。

　　　　——**易混淆点：**施工企业负责人；施工企业总经理

采分点 33：注册建造师执业工程规模标准依据不同专业设置为多个工程类别，不同的工程类别又进一步细分为不同的项目。这些项目依据相应的、不同的计量单位分为<u>大型</u>、中型和<u>小型</u>工程。<u>大中型</u>工程项目施工负责人必须由本专业注册建造师担任，其中<u>大型</u>工程项目负责人必须由本专业一级注册建造师担任。

　　　　——**易混淆点：**中小型，中型

采分点 34：经注册的建造师同时在<u>两个或者两个以上企业受聘并执业</u>的，原注册管理机构将注销其注册资格。（2005 年考试涉及）

　　　　——**易混淆点：**注册建造师在一家企业的多个岗位上从事业务工作；脱离建设工程施工管理及其相关工作岗位满 1 年

采分点 35：二级建造师执业资格的注册管理机构是<u>省级建设行政主管部门</u>。（2005 年考试涉及）

　　　　——**易混淆点：**建设部或其授权机构；人事部或其授权机构；建设行业协会

采分点 36： 建造师的执业范围包括：担任建设工程项目施工的项目经理；<u>从事其他施工活动的管理工作</u>；法律、行政法规或国务院建设行政主管部门规定的其他业务。（2007 年考试涉及）

    ——**易混淆点：** 以建造师的名义单独执业，参与建设工程的招投标；开展建设项目施工管理的培训工作

采分点 37： 取得二级建造师资格证书后，注册建造师因故未能在 3 年内申请注册的，3 年后申请注册时必须<u>提供达到继续教育要求的证明材料</u>。

    ——**易混淆点：** 重新取得资格证书；提供新的业绩证明；提供符合延续注册的证明

采分点 38： 注册建造师在每一注册有效期内应接受 <u>120 学时</u>的继续教育。

    ——**易混淆点：** 100 学时；150 小时

采分点 39： 注册建造师在每一注册有效期内应接受的继续教育中，必修课为 <u>60 学时</u>，公共课为 <u>30 学时</u>，专业课为 <u>30 学时</u>。

    ——**易混淆点：** 40 学时，40 学时，40 学时；60 学时，40 学时，20 学时

采分点 40： 注册建造师注册两个及以上专业的，除接受公共课的继续教育外，每年应接受相应注册专业的专业课各 <u>20 学时</u>的继续教育。

    ——**易混淆点：** 10 学时；15 学时；25 学时

采分点 41： 注册建造师继续教育证书可作为申请<u>逾期初始注册、延续注册、增项注册和重新注册</u>的证明。

    ——**易混淆点：** 变更注册

采分点 42： 注册建造师信用档案应当包括注册建造师的<u>基本情况、业绩、良好行为和不良行为</u>等内容。

    ——**易混淆点：** 不良的生活行为

采分点 43： 建造师的信用档案信息应按照有关规定<u>向社会公示</u>。

    ——**易混淆点：** 采取保密措施

采分点 44：<u>县级以上人民政府建设主管部门和其他有关部门</u>应当依照有关法律、法规和本规定，对注册建造师的注册、执业和继续教育实施监督检查。

      ——**易混淆点**：国务院建设行政主管部门；省、自治区、直辖市人民政府建设行政主管部门；建设部专门设立的机构

采分点 45：国务院建设主管部门应当将注册建造师注册信息告知<u>省、自治区、直辖市</u>人民政府建设主管部门。

      ——**易混淆点**：市级以上；县级以上

采分点 46：省、自治区、直辖市人民政府建设主管部门应当将注册建造师注册信息告知<u>本行政区域内市、县、市辖区</u>人民政府建设主管部门。

      ——**易混淆点**：国务院

采分点 47：注册建造师违法从事相关活动的，<u>违法行为发生地</u>县级以上地方人民政府建设主管部门或者其他有关部门应当依法查处，并将违法事实，处理结果告知注册机关。

      ——**易混淆点**：执业证书注册地；执业证书使用地

第 2 章

法律体系和法的形式（2Z201020）

【重点提示】

2Z201021 掌握法律体系
2Z201022 熟悉法的形式

【采分点精粹】

采分点 1：狭义上的法律包括<u>全国人大及其常委会制定的规范性文件</u>。

——**易混淆点**：行政法规；地方性法规；部门规章

采分点 2：法律体系也称为部门法体系，是指一国的全部现行法律规范，按照一定的标准和原则，划分为不同的<u>法律部门</u>而形成的内部和谐一致、有机联系的整体。

——**易混淆点**：法律形式；法律等级；法律规范

采分点 3：我国的法律体系通常包括：<u>宪法、民法、商法、经济法、行政法、劳动法与社会保障法、自然资源与环境保护法，以及刑法与诉讼法</u>。

——**易混淆点**：行政法规；地方性法规

采分点 4：<u>宪法</u>是整个法律体系的基础。

——**易混淆点**：法律；行政法规

采分点 5：<u>宪法</u>部门包括的法律有：主要国家机关组织法、选举法、民族区域自治法、特别行政区基本法、授权法、立法法和国籍法等。

——**易混淆点**：民法；行政法

采分点 6：民法是调整作为平等主体的公民之间、法人之间、公民和法人之间的财产关系和人身关系的法律，主要由《中华人民共和国民法通则》和单行民事法律组成。其中，单行法律主要包括：合同法、担保法、专利法、商标法、著作权法和婚姻法等。

      ——**易混淆点**：建筑法；环境保护法；安全生产法

采分点 7：商法是调整平等主体之间的商事关系或商事行为的法律，主要包括：公司法、证券法、保险法、票据法、企业破产法和海商法等。

      ——**易混淆点**：合同法；招标投标法；消防法

采分点 8：我国实行"民商合一"的原则。

      ——**易混淆点**：民商分立；民商同体；民商对立

采分点 9：经济法是调整国家在经济管理中发生的经济关系的法律，包括：建筑法、招标投标法、反不正当竞争法和税法等。（2009 年考试涉及）

      ——**易混淆点**：安全生产法；民法；商法

采分点 10：行政法是调整国家行政管理活动中各种社会关系的法律规范的总和。主要包括：行政处罚法、行政复议法、行政监察法和治安管理处罚法等。

      ——**易混淆点**：安全生产法；环境影响评价法；环境保护法

采分点 11：社会保障法是调整有关社会保障及社会福利的法律，包括安全生产法、消防法等。

      ——**易混淆点**：社会治安；社会秩序；社会环境

采分点 12：在自然资源与环境保护法中，自然资源法主要包括土地管理法、节约能源法等。

      ——**易混淆点**：消防法；环境影响评价法；安全生产法

采分点 13：在自然资源与环境保护法中，环境保护方面的法律主要包括：环境保护法、环境影响评价法和噪声污染环境防治法等。

      ——**易混淆点**：土地管理法；节约能源法；消防法

采分点 14：仲裁法、律师法、法官法和检察官法等法律的内容属于诉讼法部门。

      ——**易混淆点**：民法；行政法；刑法

采分点 15： 法律效力等级是正确适用法律的关键，法律效力排序依次为：宪法 > 法律 > 行政法规 > 地方性法规。

    ——**易混淆点：** 国际条约 > 宪法 > 行政法规 > 司法解释；行政法规 > 部门规章 > 地方性法规 > 地方政府规章

采分点 16： 宪法是每一个民主国家最根本的法的渊源，其法律地位和效力是最高的。

    ——**易混淆点：** 法律；行政法规

采分点 17： 中国的国家最高权力机关是全国人民代表大会。

    ——**易混淆点：** 国务院；国务院部委

采分点 18： 宪法是由全国人民代表大会制定和修改的，一切法律、行政法规和地方性法规都不得与其相抵触。

    ——**易混淆点：** 国务院；国务院直属机构；国务院部委

采分点 19： 狭义上的法律指的是全国人大及其常委会制定的规范性文件。

    ——**易混淆点：**《立法法》调整的各类法的规范性文件

采分点 20： 法律的效力低于宪法，但高于其他的法。

    ——**易混淆点：** 行政规章；行政法规；地方性法规

采分点 21： 中国的国家最高行政机关是国务院。

    ——**易混淆点：** 全国人民代表大会；国务院部委

采分点 22：《中华人民共和国勘察设计管理条例》属于行政法规。（2008 年考试涉及）

    ——**易混淆点：** 法律；地方性法规；行政规定

采分点 23： 在行政法规、司法解释、地方性法规和行政规章中，行政法规的效力最高。（2010 年考试涉及）

    ——**易混淆点：** 司法解释；地方性法规；行政规章

采分点 24： 地方性法规具有地方性，只在本辖区内有效，其效力低于法律和行政法规。

    ——**易混淆点：** 行政规章；司法解释

采分点 25： 行政规章是由<u>国家行政机关</u>制定的规范性法律文件，包括部门规章和地方政府规章。

    ——**易混淆点：** 最高人民法院；人民代表大会及其常委会

采分点 26： 部门规章是<u>国务院部委</u>根据法律和国务院行政法规、决定及命令，在本部门的权限范围内制定和发布的法律规范性文件。

    ——**易混淆点：** 国务院；全国人民代表大会；国务院直属机构

采分点 27： 《工程建设项目施工招标投标办法》和《评标委员会和评标方法暂行规定》属于<u>部门规章</u>。

    ——**易混淆点：** 地方政府规章

采分点 28： 部门规章的效力低于<u>法律、行政法规</u>。

    ——**易混淆点：** 司法解释

采分点 29： 地方政府规章的效力低于<u>法律、行政法规</u>，低于同级或上级地方性法规。

    ——**易混淆点：** 司法解释

采分点 30： 根据《中华人民共和国立法法》第八十五条的规定，当地方性法规与部门规章之间对同一事项的规定不一致，不能确定如何适用时，<u>由国务院裁决</u>。

    ——**易混淆点：** 全国人民代表大会常务委员会；地方政府提请当地人大常委会

采分点 31： 根据《中华人民共和国立法法》第八十五条的规定，当地方性法规与部门规章之间对同一事项的规定不一致，认为应当适用部门规章的，应当<u>提请全国人民代表大会常务委员会裁决</u>。

    ——**易混淆点：** 由地方政府提请当地人大常委会；由国务院

采分点 32： 根据《中华人民共和国立法法》第八十五条的规定，当部门规章之间、部门规章与地方政府规章之间对同一事项的规定不一致时，<u>由国务院裁决</u>。

    ——**易混淆点：** 地方政府提请全国人大常委会；制定机关

第 **3** 章

宪法（2Z201030）

2Z201031 掌握公民的基本权利

2Z201032 掌握公民的基本义务

【采分点精粹】

采分点 1： <u>宪法</u>是我国的根本大法，是其他法律的制定基础。

——*易混淆点：法律；行政法规*

采分点 2： 我国的现行宪法是 <u>1982 年 12 月 4 日第五届</u>全国人民代表大会第五次会议通过的《中华人民共和国宪法》，全国人民代表大会在 1988 年、1993 年、1999 年和 2004 年先后 4 次以宪法修正案的形式对现行宪法进行了修改和补充。

——*易混淆点：1952 年 11 月 4 日第二届；1962 年 10 月 4 日第三届；1972 年 12 月 6 日第四届*

采分点 3： 根据《中华人民共和国宪法》的规定，<u>在法律面前一律平等</u>；有言论、出版、游行和示威的自由；有宗教信仰的自由；对任何国家机关和国家工作人员有批评和建议权属于公民的宪法权利。（2009 年考试涉及）

——*易混淆点：维护祖国的安全、荣誉和利益*

采分点 4：《中华人民共和国宪法》规定的公民享有的基本权利包括：平等权、政治权利和自由、宗教信仰自由、人身自由、<u>社会经济权利</u>、文化教育权利、监督权和获得赔偿权。

——*易混淆点：依法纳税权；保守国家秘密权*

采分点 5:《中华人民共和国宪法》第三十三条规定："中华人民共和国公民在法律面前一律平等"。这种平等表现为：①公民平等地享有宪法和法律规定的权利，平等地履行宪法和法律规定的义务；②任何人的合法权利都平等地受到保护，对任何违法行为一律予以追究；③不允许任何公民享有法律以外的特权，任何人不得强制任何公民承担法律以外的义务，不得使公民受到法律以外的处罚。

——**易混淆点：**不得以任何理由限制任何公民的言论、出版、集会、结社、游行、示威的权利和自由；不得以任何理由对任何个人或群体设立特殊保护

采分点 6:平等权是我国法律赋予公民的一项基本权利，是公民实现其他权利的基础。

——**易混淆点：**政治权利和自由；人身自由；社会经济权利

采分点 7:政治权利和自由是公民作为国家政治主体而依法享有的参加国家政治生活的权利和自由。包括：享有选举权和被选举权和言论、出版、集会、结社、游行和示威的自由。

——**易混淆点：**人身自由；宗教信仰自由

采分点 8:人身自由包括狭义和广义两个方面。狭义的人身自由是指公民的身体不受非法侵犯。

——**易混淆点：**生命权、人格尊严不受侵犯；住宅不受侵犯

采分点 9:在人身自由权利中，与工程建设活动最密切相关的是人身自由和人格尊严不受侵犯的权利。

——**易混淆点：**生命权不受侵犯；住宅不受侵犯；通信自由和通信秘密受法律保护

采分点 10:人格尊严主要包括公民的姓名权、肖像权、名誉权、荣誉权和隐私权。

——**易混淆点：**生命权；健康权

采分点 11:社会经济权利包括财产权、劳动权和休息权。

——**易混淆点：**物质帮助权

采分点 12：某建筑公司为了赶工期，规定民工在节假日不休息，每天工作 10 小时，其做法违反了宪法规定的公民的<u>休息权</u>。

  ——**易混淆点**：劳动权；人身自由权；平等权

采分点 13：《中华人民共和国劳动法》规定，国家实行劳动者每日工作时间不超过 <u>8 小时</u>、平均每周工作时间不超过 <u>44 小时</u>的工时制度。

  ——**易混淆点**：6 小时，42 小时；7 小时，40 小时

采分点 14：《中华人民共和国劳动法》规定，用人单位在<u>元旦、春节、国际劳动节、国庆节</u>和法律、法规规定的其他休假节日应当依法安排劳动者休假。

  ——**易混淆点**：周六；周日

采分点 15：在受教育的权利包含的内容中，与工程建设活动相关的权利有：<u>成年人有接受成年教育的权利</u>；公民有从集体经济组织、国家企业事业组织和其他社会力量举办的教育机构接受教育的机会；就业前的公民有接受必要的劳动就业训练的权利和义务。

  ——**易混淆点**：公民有进行科学研究、文学艺术创作和其他文化活动的权利

采分点 16：<u>接受文化教育</u>既属于公民的基本权利，又属于公民的基本义务。

  ——**易混淆点**：依法纳税；社会经济权利；人身自由

采分点 17：《中华人民共和国宪法》规定，监督权的内容包括：<u>批评建议权、检举控告权和申诉权</u>。

  ——**易混淆点**：言论自由权；选举权

采分点 18：某农民工在工作中因疲劳过度从脚手架上摔死，其家属对单位的处理结果不满，家属可向有关机关主张<u>监督权和获得赔偿权</u>。

  ——**易混淆点**：人身自由权；财产权；劳动权

采分点 19：《中华人民共和国宪法》规定，公民需要履行的义务有：①维护国家统一和民

族团结的义务；②遵守宪法和法律，保守国家秘密，爱护公共财产，遵守劳动纪律，遵守公共秩序，尊重社会公德；③维护祖国的安全、荣誉和利益；④保卫祖国、依法服兵役和参加民兵组织；⑤依法纳税；⑥其他方面的基本义务。

——**易混淆点**：监督国家机关及其工作人员的活动

第**4**章

民法（2Z201040）

【重点提示】

2Z201041　掌握民事法律关系

2Z201042　掌握民事法律行为的成立要件

2Z201043　掌握代理

2Z201044　掌握债权、知识产权

2Z201045　掌握诉讼时效

【采分点精粹】

采分点 1：《中华人民共和国民法通则》于 1986 年 4 月 12 日第六届全国人民代表大会第四
次会议通过，1987 年 <u>1 月 1 日</u>起施行。

　　——**易混淆点**：6 月 1 日；12 月 1 日

采分点 2：《中华人民共和国民法通则》共分为 <u>9 章</u>，156 条。

　　——**易混淆点**：6 章；7 章；8 章

采分点 3：《中华人民共和国著作权法》、《中华人民共和国专利法》和《中华人民共和国商
标法》是保护知识产权的主要法律。

　　——**易混淆点**：《中华人民共和国合同法》；《中华人民共和国担保法》

采分点 4：民事法律关系是由民法规范调整的以权利义务为内容的社会关系，包括<u>人身关
系和财产关系</u>。

　　——**易混淆点**：人格权关系和身份权关系

采分点 5：法律关系是由<u>法律关系主体、法律关系客体和法律关系内容</u>3 个要素构成的，缺少其中一个要素就不能构成法律关系。（2005 年考试涉及）

———**易混淆点**：法律关系形式、法律关系目标、法律关系内容

采分点 6：民事法律关系主体是指民事法律关系中享受权利、承担义务的当事人和参与者，包括：<u>自然人、法人和其他组织</u>。（2008 年考试涉及）

———**易混淆点**：代理人；被代理人

采分点 7：民事法律关系主体中的自然人包括<u>公民、外国人</u>和无国籍的人。

———**易混淆点**：法人

采分点 8：自然人作为民事法律关系主体的一种，能否通过自己的行为取得民事权利、承担民事义务，取决于其是否具有<u>民事行为</u>能力。

———**易混淆点**：法律判断；财产保护

采分点 9：民事行为能力是指民事主体通过自己的行为取得民事权利、承担民事义务的资格。其行为能力可分为：<u>完全民事行为能力、限制民事行为能力和无民事行为能力</u>。

———**易混淆点**：相对民事行为能力

采分点 10：16 周岁以上不满 18 周岁的公民，以自己的劳动收入为主要生活来源的，可视为<u>完全民事行为能力人</u>。

———**易混淆点**：限制民事行为能力人；无民事行为能力人

采分点 11：在我国境内从事建筑施工的某国外从业人员的儿子，今年 14 周岁。依据其本国法律，尚属于无民事行为能力人，其在我国境内从事民事行为时，对其民事行为的认定，应认定为<u>限制民事行为能力人</u>。

———**易混淆点**：无民事行为能力人；完全民事行为能力人

采分点 12：法人是指具有民事权利和民事行为能力的<u>依法独立享有民事权利和承担民</u>

事义务的组织。（2006 年考试涉及）

——**易混淆点**：自然人；单位最高行政负责人

采分点 13：法人应当具备的条件有：①依法成立；②有必要的财产和经费；③有自己的名称、组织机构和场所；④能够独立承担民事责任。

——**易混淆点**：依法纳税额巨大

采分点 14：法人具有行为能力，其民事行为能力是法律赋予法人独立进行民事活动的能力，其行为能力是有限的，由其成立的宗旨和业务范围所决定。

——**易混淆点**：注册资金；企业规模；业务能力

采分点 15：建设工程施工合同中的工程价款、建设工程施工合同中的建筑物、建材买卖合同中的建筑材料和建设工程设计合同中的施工图纸均属于民事法律关系客体。（2009 年考试涉及）

——**易混淆点**：建设工程勘察合同中的勘察行为

采分点 16：法律关系客体的种类包括：财、物、行为和智力成果等。

——**易混淆点**：法律权利；法律义务

采分点 17：作为法律关系客体的行为是指义务人所要完成的能满足权利人要求的结果。这种结果表现为物化的结果与非物化的结果。

——**易混淆点**：行为人；能力人；权利人

采分点 18：物化的结果指的是义务人的行为凝结于一定的物体，产生一定的物化产品。例如，房屋、道路等建设工程项目。

——**易混淆点**：企业对员工的培训行为

采分点 19：民事法律关系内容是指法律关系主体之间的法律权利和法律义务。这种法律权利和法律义务的来源包括：法定的权利、义务和约定的权利、义务。

——**易混淆点**：普遍公认的权利、义务

采分点 20：构成法律关系的要素如果发生变化，就会导致这个特定的法律关系发生变化，因此，法律关系的变更可分为：<u>主体变更、客体变更和内容变更</u>。

　　——**易混淆点**：权利变更和义务变更

采分点 21：法律关系变更中的主体变更包括主体数目发生变化和主体的改变。主体的改变也称为<u>合同转让</u>，由另一个新主体代替原主体享有权利、承担义务。

　　——**易混淆点**：权利移交；义务分担；合同变更

采分点 22：客体变更有两种表现形式，包括：<u>客体范围的变更和客体性质的变更</u>。

　　——**易混淆点**：客体质量的变更

采分点 23：保险合同主体的权利与义务的变更属于<u>内容变更</u>。

　　——**易混淆点**：主体变更；客体变更

采分点 24：民事法律关系的终止是指民事法律关系主体之间的<u>权利义务</u>不复存在，彼此丧失了约束力。

　　——**易混淆点**：责权利益

采分点 25：民事法律关系的终止可以分为<u>自然终止、协议终止和违约终止</u>。

　　——**易混淆点**：自愿终止；条件终止

采分点 26：民事法律关系协议终止是指民事法律关系主体之间协商解除某类建设法律关系规范的权利义务，致使该法律关系归于消灭。协议终止的表现形式有即时协商和<u>约定终止条件</u>。

　　——**易混淆点**：因故终止条件；法定终止条件；自然终止条件

采分点 27：民事法律关系违约终止，是指民事法律关系主体一方违约，或发生<u>不可抗力</u>，致使某类民事法律关系规范的权利不能实现。

　　——**易混淆点**：自然灾害；意外事故；人为事故

采分点 28：要式法律行为是指法律规定应当采用<u>特定形式</u>的民事法律行为。

　　——**易混淆点**：任何形式

采分点 29：根据《中华人民共和国合同法》第二百七十条的规定，建设工程合同应当采用书面形式。因此，订立建设工程合同的行为属于<u>要式法律行为</u>。（2009 年考试涉及）

——**易混淆点**：民事法律行为；不要式法律行为

采分点 30：不要式法律行为是指采用<u>书面、口头或其他任何形式均可</u>成立的民事法律行为。

——**易混淆点**：特定形式

采分点 31：<u>自然人之间</u>的借款属于不要式法律行为。

——**易混淆点**：非自然人之间

采分点 32：<u>非自然人之间</u>的借款属于要式法律行为。

——**易混淆点**：自然人之间

采分点 33：根据《中华人民共和国民法通则》第五十五条和第五十六条的规定，民事法律行为的成立要件包括：①法律行为主体具有相应的民事权利能力和行为能力；②行为人意思表示真实；③行为内容合法；④<u>行为形式合法</u>。（2006 年考试涉及）

——**易混淆点**：行为方式符合行为人意愿；行为人合法；行为执行合法

采分点 34：根据《中华人民共和国民法通则》的规定，<u>民事权利能力</u>是法律确认的自然人享有民事权利、承担民事义务的资格。

——**易混淆点**：民事行为能力

采分点 35：《中华人民共和国民法通则》规定，有民事权利能力者<u>不一定</u>具有民事行为能力。

——**易混淆点**：一定

采分点 36：《中华人民共和国民法通则》规定，行为内容合法表现为不违反<u>法律和社会公共利益、社会公德</u>。

——**易混淆点**：生活习惯；个人利益

采分点 37：《中华人民共和国民法通则》规定，行为内容合法首先不得<u>与法律、行政法规的强制性或禁止性规范相抵触</u>。

——**易混淆点**：违背社会公德；损害社会公共利益

采分点 38：《中华人民共和国民法通则》规定，凡属<u>要式</u>的民事法律行为，必须采用法律规定的特定形式才为合法。

——**易混淆点**：不要式

采分点 39：《中华人民共和国民法通则》规定，公民或法人可以通过代理人实施民事法律行为，代理人在代理权限内，<u>以被代理人</u>的名义实施民事法律行为。

——**易混淆点**：代理人；代理关系的第三人

采分点 40：《中华人民共和国民法通则》第六十四条第一款规定，代理包括<u>委托代理、法定代理和指定代理</u>。

——**易混淆点**：明示代理；默示代理；特别代理

采分点 41：某人代表设计院向某公司催讨欠款，这属于<u>委托代理</u>。（2008 年考试涉及）

——**易混淆点**：法定代理；指定代理；表见代理

采分点 42：在民事法律行为中，委托代理的形式为<u>书面或口头</u>。

——**易混淆点**：书面；口头

采分点 43：法律规定民事法律行为的委托代理使用书面形式的，应当用书面形式。书面委托代理的授权委托书应当载明：代理人的<u>姓名、名称</u>；代理事项、权限和期间；委托人签名或者盖章。

——**易混淆点**：简历；资质

采分点 44：法定代理主要是为了维护限制民事行为能力人或者无民事行为能力人的合法权益而设计的。法定代理属于全权代理，法定代理人原则上应代理被代理人的有关<u>财产</u>方面的一切民事法律行为和其他允许代理的行为。

——**易混淆点**：合同；责权

采分点 45： 根据主管机关或人民法院的指定而产生的代理是<u>指定代理</u>。（2005 年考试涉及）

　　——**易混淆点：** 法定代理；委托代理；表见代理

采分点 46： 指定代理在本质上属于<u>法定代理</u>。

　　——**易混淆点：** 委托代理

采分点 47： 指定代理与法定代理的区别在于：<u>指定代理</u>的代理无须指定，而<u>法定代理</u>则需要有指定的过程。

　　——**易混淆点：** 法定代理，指定代理

采分点 48： 在代理人与被代理人的责任承担关系中，由于委托书授权不明而给第三人造成损失的，<u>应由被代理人向第三人承担民事责任，代理人承担连带责任</u>。（2005 年考试涉及）

　　——**易混淆点：** 由被代理人独自承担责任；由代理人独自承担责任；由被代理人和代理人按照约定各自承担赔偿责任

采分点 49： <u>没有代理权、超越代理权和代理权终止</u>的行为属于无权代理行为。

　　——**易混淆点：** 代理权授权不明确

采分点 50： 没有代理权、超越代理权或者代理权终止后的行为，若未经追认，应由<u>行为人</u>承担民事责任。

　　——**易混淆点：** 被代理人；代理人；法人

采分点 51： 根据法律的有关规定，本人知道他人以本人名义实施民事行为而不作否认表示的，视为<u>同意</u>。

　　——**易混淆点：** 不同意

采分点 52： 根据有关规定，第三人知道行为人没有代理权、<u>超越代理权</u>或者代理权已终止还与行为人实施民事行为给他人造成损害的，由第三人和行为人负连带责任。

　　——**易混淆点：** 代理权授权不明确

采分点 53：根据有关规定，代理人不履行职责而给被代理人造成损害的，应当承担<u>民事责任</u>。

  ——**易混淆点**：刑事责任；行政责任

采分点 54：根据有关规定，代理人和第三人串通，损害被代理人利益的，<u>由代理人和第三人负连带责任</u>。

  ——**易混淆点**：代理人负全部责任

采分点 55：代理人知道被委托代理的事项违法仍然进行代理活动的，或者被代理人知道代理人的代理行为违法不表示反对的，<u>由被代理人和代理人负连带责任</u>。

  ——**易混淆点**：代理人负全部责任；被代理人负全部责任

采分点 56：代理人在代理过程中超越了授权范围进行代理行为后，获得了被代理人的同意，则此代理行为应认定为<u>有效代理行为</u>。（2006 年考试涉及）

  ——**易混淆点**：无权代理行为；无效代理行为

采分点 57：张某未成年的儿子签订了一份房屋买卖合同；<u>已经被辞退的王某持单位的空白合同书以单位的名义与某厂订立了一份合同</u>；某分公司以总公司的名义订立的一份供销合同，上述代理行为均应当由被代理人承担法律后果。（2007 年考试涉及）

  ——**易混淆点**：普通职工赵某未经授权擅自以所在单位的名义订立了一份合同

采分点 58：根据我国法律的规定，委托代理关系终止的情形包括：①代理期间届满或者代理事务完成；②被代理人取消委托或者代理人辞去委托；③<u>代理人死亡</u>；④代理人丧失民事行为能力；⑤作为被代理人或者代理人的法人组织终止。（2006、2005 年考试涉及）

  ——**易混淆点**：被代理人死亡；被代理人取得或恢复民事行为能力

采分点 59：根据我国法律的规定，法定代理或者指定代理终止的情形包括：①<u>被代理人取得或者恢复民事行为能力</u>；②被代理人或者代理人死亡；③代理人丧失民事行为能力；④指定代理的人民法院或者指定单位取消指定；⑤由其他原因引起的被代理人和代理人之间的监护关系消灭。

  ——**易混淆点**：作为被代理人或者代理人的法人终止；代理期间届满或者代理事务完成

采分点 60：财产权体系包括：<u>以所有权为核心的有体财产权制度、以知识产权为主体的无体财产权制度</u>、以债权、继承权等为内容的其他财产权制度。

——**易混淆点**：以所有权为核心的无体财产权制度；以知识产权为核心的有体财产权制度

采分点 61：在建设工程合同关系中，承包人有请求发包人按照合同约定支付工程价款的权利，发包人有按照合同约定向承包人支付工程价款的义务。这些都是特定当事人之间的民事法律关系，因此都是<u>债</u>的关系。

——**易混淆点**：债权；权；责权

采分点 62：根据《中华人民共和国民法通则》及相关法律规范的规定，能够引起债的发生的法律事实，即债的发生根据，主要包括：<u>合同、侵权行为、不当得利、无因管理</u>和债的其他发生根据。（2005 年考试涉及）

——**易混淆点**：志愿服务；所有权

采分点 63：在能够引起债的发生的法律事实中，<u>合同</u>是引起债权债务关系发生的最主要、最普遍的根据。（2009 年考试涉及）

——**易混淆点**：不当得利；无因管理；侵权行为

采分点 64：当事人之间通过订立合同设立的以债权债务为内容的<u>民事法律关系</u>称为合同之债。

——**易混淆点**：民事法律行为；民事责任行为；民事主体行为

采分点 65：因<u>侵权行为</u>而产生的债，在我国习惯上也称之为"致人损害之债"。

——**易混淆点**：不当得利；无因管理；诈骗行为

采分点 66：<u>不当得利</u>是指没有法律或合同根据，有损于他人而取得的利益。

——**易混淆点**：无因管理

采分点 67：公民甲从路上捡到一个钱包；农民丁某购买的一头母牛半月后领回一头牛犊属于不当得利。（2007 年考试涉及）

——**易混淆点**：学生丙通过考试作弊的手段获得一笔奖学金；教师戊购买的一张彩票中了大奖

采分点 68: 无因管理是指既未受人之托，也不负有法律规定的义务，而是自觉为他人管理事务的行为。

  ——**易混淆点**: 不当得利

采分点 69: 船工张某冒险救人而损坏了船桨；村民赵某及时发现并且扑灭了邻居家的火灾；台风将至，市民李某拿自家物料加固朋友的房屋属于无因管理。（2007年考试涉及）

  ——**易混淆点**: 警察钱某勇往直前，生擒了小偷；消防队员孙某舍生忘死从火场救出婴儿

采分点 70: 无因管理行为一经发生，则会在管理人与被管理人之间形成债权债务关系，被管理者负有赔偿管理者支出的合理费用及管理者的直接损失的义务。（2010、2006年考试涉及）

  ——**易混淆点**: 管理者应得的报酬；管理者的全部损失；被管理者所获得的利益

采分点 71: 根据《中华人民共和国民法通则》以及相关法律规范的规定，遗赠、扶养、发现埋藏物均属于债的发生根据。

  ——**易混淆点**: 赡养

采分点 72: 债因一定法律事实的出现而使既存的债权债务关系在客观上不复存在，称为债的消灭。债因以下事实而消灭：债因履行而消灭、债因抵消而消灭、债因提存而消灭、债因混同而消灭、债因免除而消灭、债因当事人死亡而解除。

  ——**易混淆点**: 债因合同到期而消灭

采分点 73: 提存是债务履行的一种方式。如果超过法律规定的期限，债权人仍不领取提存标的物的，应归国库所有。

  ——**易混淆点**: 提存人；债权人的合法继承人；提存人的合法继承人

采分点 74："债因当事人死亡而解除"仅指具有<u>人身性质</u>的合同之债。

    ——**易混淆点：**委托性质；出版性质；继承性质

采分点 75：知识产权具有的特征有：具有人身权和财产权的双重性质，具有<u>专有性</u>、<u>地域</u><u>性</u>和<u>时间性</u>。

    ——**易混淆点：**不可转让性；阶段性

采分点 76：知识产权具有人身权和财产权的双重性质。其中，作者获得稿费的权利<u>属于财</u><u>产权</u>。

    ——**易混淆点：**属于人身权；既属于人身权又属于财产权

采分点 77：知识产权的权利主体依法享有独占使用智力成果的权利，他人不得侵犯。例如，未经专利权人许可不得使用其专利就表现了专利权的<u>专有性</u>。

    ——**易混淆点：**私有性；归属性；持有性

采分点 78：知识产权只在特定国家或地区的地域范围内有效，这体现了专利权的<u>地域性</u>。

    ——**易混淆点：**专有性；私有性

采分点 79：我国承认并以法律形式加以保护的主要知识产权包括：<u>著作权、专利权、商标</u><u>权和肖像权</u>等。（2005 年考试涉及）

    ——**易混淆点：**商业秘密

采分点 80：著作人身权和著作财产权又称为<u>著作精神权利和著作经济权利</u>。

    ——**易混淆点：**作者权和使用权；版权和使用权；著作权和获得报酬权

采分点 81：著作权的主体包括：<u>作者、著作权人和职务作品的著作权人</u>。（2007 年考试涉及）

    ——**易混淆点：**作者工作的辅助人；出版社

采分点 82：《中华人民共和国著作权法》保护的对象是<u>作品</u>。

    ——**易混淆点：**著作权人

采分点 83：根据《中华人民共和国著作权法》及其实施条例的规定，作品的种类有很多种。其中，在工程建设领域较为常见的，除文字作品外，还主要包括：<u>美术作品、建筑作品、图形作品和模型作品</u>。

    ——**易混淆点**：音乐作品

采分点 84：根据《中华人民共和国著作权法》第十条的规定，著作权包括<u>人身权和财产权</u>。

    ——**易混淆点**：发表权和署名权；修改权和保护作品完整权

采分点 85：根据《中华人民共和国著作权法》的规定，著作人身权包括：<u>发表权、署名权、修改权和保护作品完整权</u>。

    ——**易混淆点**：复制权；出租权

采分点 86：<u>使用权</u>是指以复制、发行、出租、展览、放映、广播、信息网络传播、摄制、改编、翻译、汇编，以及其他方式使用作品的权利。

    ——**易混淆点**：发表权

采分点 87：根据《中华人民共和国著作权法》的规定，财产权包括：<u>使用权、许可使用权、转让权和获得报酬权</u>。

    ——**易混淆点**：发表权；署名权；修改权

采分点 88：《中华人民共和国著作权法》规定，有著作权侵权行为的，应当根据具体情况承担停止侵害、消除影响、赔礼道歉和赔偿损失等民事责任；对于损害公共利益或情节严重的侵权行为，可以<u>由著作权行政管理部门</u>依法追究其行政责任；构成犯罪的，依法追究其刑事责任。

    ——**易混淆点**：知识产权保护组织；政府相关管理部门；国家出版局

采分点 89：根据《中华人民共和国专利法》及其实施细则的规定，专利权主体主要包括：<u>发明人或设计人、发明人或者设计人的单位</u>。

    ——**易混淆点**：受让人

采分点 90：在完成发明创造的过程中，发明人或设计人包括：<u>对发明创造的实质性特点做出创造性贡献的人</u>。

——**易混淆点**：负责组织工作的人；为物质技术条件的利用提供方便的人；从事辅助工作的人

采分点 91：《中华人民共和国专利法》规定，对于职务发明创造，专利权的主体是<u>发明人或者设计人所在的单位</u>。

——**易混淆点**：发明人或设计人

采分点 92：《中华人民共和国专利法》第六条第一款规定，执行本单位的任务或者主要利用本单位的物质技术条件所完成的发明创造为<u>职务</u>发明创造。

——**易混淆点**：单位；集体；部门

采分点 93：《中华人民共和国专利法》第六条第三款规定，利用本单位的物质技术条件所完成的发明创造，若单位与发明人或者设计人订有合同，规定专利权的主体为发明人或者设计人的，则该专利权的主体为<u>发明人或者设计人</u>。

——**易混淆点**：发明人或者设计人的单位

采分点 94：专利权的客体，即专利权的保护对象，是指依法应授予专利的发明创造。专利权的客体包括：<u>发明、实用新型和外观设计</u>。（2007、2005 年考试涉及）

——**易混淆点**：注册商标；技术秘密

采分点 95：根据《中华人民共和国专利法》的有关规定，发明和实用新型取得专利权的条件是<u>创造性、实用性和新颖性</u>。（2007 年考试涉及）

——**易混淆点**：具有经济价值；先进性

采分点 96：《中华人民共和国专利法》规定，发明专利权的期限是 <u>20</u> 年，实用新型和外观设计专利权的期限是 <u>10</u> 年，均自申请日起计算。

——**易混淆点**：15 年，5 年；25 年，15 年

采分点 97：根据《中华人民共和国专利法》及其实施细则的有关规定，专利权的侵权行为主要表现为：①<u>未经专利权人许可，实施其专利</u>；②<u>假冒他人专利</u>；③<u>以非专利产品冒充专利产品</u>；④<u>侵夺发明人或者设计人的非职务发明创造专利申请权和其他相关合法权益</u>。

——**易混淆点**：购买他人专利

采分点 98：《中华人民共和国商标法》第三条第一款规定，经商标局核准注册的商标为注册商标，商标注册人享有<u>商标专用权</u>，受法律保护。

——**易混淆点**：商标出让权；商标买卖权

采分点 99：《中华人民共和国商标法》第五十二条规定，属于侵犯注册商标专用权的情形有：①未经商标注册人的许可，在同一种商品或者类似商品上使用与其注册商标相同或者近似的商标的；②销售侵犯注册商标专用权的商品的；③<u>伪造、擅自制造他人注册商标标识或者销售伪造、擅自制造的注册商标标识的</u>；④未经商标注册人同意，更换其注册商标并将该更换商标的商品又投入市场的；⑤给他人的注册商标专用权造成其他损害的。

——**易混淆点**：冒充注册商标的

采分点 100：诉讼时效期间届满，当事人丧失的是<u>胜诉权利</u>。

——**易混淆点**：实体权利；起诉权利

采分点 101：《中华人民共和国民法通则》规定，实体权利<u>并不因</u>超过了诉讼时效而消灭。

——**易混淆点**：因为

采分点 102：根据《中华人民共和》及国民法通则有关法律的规定，诉讼时效期间通常可分为<u>普通诉讼时效、短期诉讼时效、特殊诉讼时效和权利的最长保护期限</u>。

——**易混淆点**：长期诉讼时效

采分点 103：某施工企业和某建设单位于 1999 年 5 月 10 日签订了一份工程施工合同，合同约定建设单位应于 2001 年 9 月 10 日前支付所有工程款，但建设单位一直未按约定支付。那么，施工企业的诉讼有效期至 <u>2003 年 9 月 10 日</u>。（2005 年考试涉及）

——**易混淆点**：2001 年 5 月 10 日；2001 年 9 月 10 日；2002 年 9 月 10 日

【**分析过程**】《中华人民共和国民法通则》规定，向人民法院请求保护民事权利的期间，普通诉讼时效期间通常为 2 年。所以，本题的诉讼有效期应从 2001 年 9 月 10 日开始 2 年后截止，即至 2003 年 9 月 10 日。

采分点 104：根据《中华人民共和国民法通则》及有关法律的规定，<u>身体受到伤害要求赔偿引起的诉讼</u>，诉讼时效期为 1 年。

——**易混淆点**：贷款担保合同引起争议；国际货物买卖合同引起争议；因运输的商品丢失或损毁引起争议

采分点 105：根据《中华人民共和国民法通则》及有关法律的规定，延付或拒付租金的诉讼时效期为 1 年。

——**易混淆点**：涉外合同

采分点 106：根据《中华人民共和国民法通则》及有关法律的规定，生产者出售质量不合格的商品而未声明的，受害者要求赔偿的诉讼时效期为 1 年。

——**易混淆点**：2 年；3 年；4 年

采分点 107：特殊诉讼时效是指由特别法规定的诉讼时效。

——**易混淆点**：民法

采分点 108：根据《中华人民共和国合同法》第一百二十九条的规定，涉外合同的诉讼时效期为 4 年。

——**易混淆点**：1 年；2 年；3 年

采分点 109：根据《海商法》第二百五十七条的规定，就海上货物运输向承运人要求赔偿的请求权的时效期为 1 年。

——**易混淆点**：2 年；3 年；4 年

采分点 110：《中华人民共和国民法通则》规定，诉讼时效期从知道或应当知道权利被侵害时起计算。

——**易混淆点**：权利被侵害时

采分点 111：《中华人民共和国民法通则》规定，诉讼时效从权利被侵害之日起超过 20 年的，人民法院不予保护。

——**易混淆点**：10 年；15 年

采分点 112：《中华人民共和国民法通则》第一百三十九条规定，在诉讼时效期的最后 6 个月内，因不可抗力或者其他障碍不能行使请求权的，诉讼时效中止。

    ——**易混淆点**：最后 8 个月内；最后 5 个月内

采分点 113：《中华人民共和国民法通则》第一百三十九条规定，诉讼时效从中止时效的原因消除之日起继续计算。

    ——**易混淆点**：中止之日，重新；中止时效的原因消除之日，重新

采分点 114：《中华人民共和国民法通则》第一百四十条规定，诉讼时效因提起诉讼、当事人一方提出要求或者同意履行义务而中断。（2010、2008 年考试涉及）

    ——**易混淆点**：中止；终止

采分点 115：《中华人民共和国民法通则》第一百四十条规定，诉讼时效期从中断时起重新计算。

    ——**易混淆点**：中断时起继续；中断时效的原因消除之日起继续

采分点 116：《中华人民共和国民法通则》第一百四十条规定，因提起诉讼或仲裁中断时效的，诉讼时效应于诉讼终结或法院作出裁判时重新计算。

    ——**易混淆点**：继续

采分点 117：债权人表达出了请求债务人履行义务的要求时，若口头通知的，诉讼时效应以相对人了解通知内容时重新开始。

    ——**易混淆点**：熟悉，继续进行；掌握，重新开始

采分点 118：同意的相对人包括：权利人和权利人的代理人。

    ——**易混淆点**：主债务的保证人

第 5 章

物权法（2Z201050）

【重点提示】

2Z201051 掌握抵押权

2Z201052 掌握质权

2Z201053 掌握留置权

2Z201054 熟悉物权的设立、变更、转让和消灭

2Z201055 熟悉建设用地使用权

2Z201056 了解物权的保护

【采分点精粹】

采分点 1：《中华人民共和国物权法》于 2007 年 3 月 16 日第十届全国人民代表大会第五次会议通过，2007 年 <u>10 月 1 日</u>起施行。

——**易混淆点**：6 月 1 日；8 月 1 日

采分点 2：《中华人民共和国物权法》的立法目的是维护国家基本经济制度，维护社会主义市场经济秩序，明确物的归属，发挥物的效用，保护<u>权利人</u>的物权。

——**易混淆点**：义务人

采分点 3：《中华人民共和国物权法》共分为 <u>19 章</u> 247 条。

——**易混淆点**：15 章；18 章；20 章

采分点 4：《中华人民共和国物权法》中的物权是指权利人依法对特定的物享有直接支配和排他的权利，包括：<u>所有权、用益物权和担保物权</u>。

——**易混淆点**：债权；占有权

采分点 5: 自物权，又称所有权，是指权利人对自己的不动产或者动产，依法享有占有、使用、收益和处分的权利。（2005 年考试涉及）

——**易混淆点:** 抵押权；留置权；质权

采分点 6: 全民所有制企业的经营权属于《中华人民共和国物权法》规定中的用益物权。（2005 年考试涉及）

——**易混淆点:** 自物权；担保物权；所有权

采分点 7: 担保物权是指担保物权人在债务人不履行到期债务或者发生当事人约定的实现担保物权的情形，依法享有就担保财产优先受偿的权利。

——**易混淆点:** 担保财产不受损失

采分点 8: 抵押是指债务人或者第三人不转移对财产的占有，将该财产作为债权的担保。债务人不履行债务时，债权人有权采用折价、拍卖或变卖的处理方式优先受偿该价款。（2006 年考试涉及）

——**易混淆点:** 没收

采分点 9:《中华人民共和国物权法》规定，以正在建造的建筑物作为抵押时，应当办理抵押登记。（2010 年考试涉及）

——**易混淆点:** 交通运输工程；生产设备、原材料；建设用地使用权

采分点 10:《中华人民共和国物权法》规定，办理抵押登记时，抵押权自登记时设立。（2010 年考试涉及）

——**易混淆点:** 合同签订；备案；竣工验收

采分点 11:《中华人民共和国物权法》规定，土地所有权不得抵押。（2010 年考试涉及）

——**易混淆点:** 荒地承包经营权；土地使用权

采分点 12:《中华人民共和国物权法》规定，经当事人书面协议，企业、个体工商户及农业生产经营者可以将现有的及将有的生产设备、原材料、半成品或产品抵押，债务人不履行到期债务或者发生当事人约定的实现抵押权的情形，债权人有权就

实现抵押权时的动产优先受偿。抵押财产自债务履行期届满，债权未实现或<u>抵押人被宣告破产或者被撤销</u>时确定。

——**易混淆点**：抵押财产被查封、扣押

采分点 13：《中华人民共和国物权法》规定，订立抵押合同前抵押财产已出租的，原租赁关<u>系不受该抵押权影响</u>。（2009 年考试涉及）

——**易混淆点**：同样受

采分点 14：《中华人民共和国物权法》规定，债务人以自己的财产设定抵押，抵押权人放弃该抵押权、抵押权顺位或者变更抵押权的，<u>其他担保人在抵押投入丧失优先受偿权益的范围内免除担保责任</u>。

——**易混淆点**：其他担保人在任何情况下均免除责任；抵押权人可以要求其他抵押人继续承担担保责任

采分点 15：《中华人民共和国物权法》规定，债务人不履行到期债务或者发生当事人约定的实现抵押权时，若协议损害其他债权人利益的，其他债权人可以在知道或者应当知道撤销事由之日起 <u>1 年</u>内请求人民法院撤销该协议。

——**易混淆点**：2 年；3 年

采分点 16：《中华人民共和国物权法》规定，抵押权人与抵押人未就抵押权实现方式达成协议的，抵押权人可以请求<u>人民法院拍卖、变卖</u>抵押财产。

——**易混淆点**：仲裁委员会；人民政府

采分点 17：《中华人民共和国物权法》规定，抵押权人与抵押人未就抵押权实现方式达成协议时，抵押权人可以对抵押财产进行处理，抵押财产折价或者变卖的价格应当参照<u>市场价格</u>。

——**易混淆点**：财产原价；评估价格；重置价格

采分点 18：《中华人民共和国物权法》规定，建设用地使用权抵押后，该土地上新增的建筑物<u>不属于</u>抵押财产。

——**易混淆点**：属于

采分点 19：《中华人民共和国物权法》规定，抵押权人应当在<u>主债权诉讼时效期间</u>行使抵押权；未行使的，人民法院不予保护。

　　——**易混淆点**：主债权诉讼时效期后一个月

采分点 20：《中华人民共和国担保法》规定，出质人可以提供<u>依法可以转让的股票</u>办理质押担保。（2005 年考试涉及）

　　——**易混淆点**：个人房产；国有企业厂房；土地

采分点 21：<u>质押</u>是指债务人或者第三人将其动产或权利移交债权人占有，将该动产作为债权的担保。当债务人不履行债务时，债权人有权以该动产折价或者以拍卖、变卖该动产的价款优先受偿的担保方式。

　　——**易混淆点**：抵押；留置

采分点 22：根据《中华人民共和国担保法》的规定，质押分为<u>动产质押和权利质押</u>。

　　——**易混淆点**：不动产质押；不动产权利质押

采分点 23：《中华人民共和国物权法》规定，质权人在质权存续期间，不得<u>擅自使用或处分质押财产</u>，不得擅自转质。

　　——**易混淆点**：放弃质权

采分点 24：《中华人民共和国物权法》规定，质权人在质权存续期间，未经出质人同意，擅自使用或处分质押财产，给出质人造成损害的，应当承担<u>赔偿责任</u>。

　　——**易混淆点**：民事责任；刑事责任

采分点 25：《中华人民共和国物权法》规定，出质人可以请求质权人在债务履行期届满后及时行使质权；质权人不行使的，出质人可以<u>请求人民法院拍卖、变卖质押财产</u>。

　　——**易混淆点**：没收；请求行政部门处理；由质权人自行处理

采分点 26：《中华人民共和国物权法》规定，留置权人有权<u>收取</u>留置财产的孳息。

　　——**易混淆点**：处分；转让

采分点 27：《中华人民共和国物权法》规定，同一动产上已设立抵押权或者质权，该动产又被留置的，<u>留置权人</u>优先受偿。

——**易混淆点**：抵押权人；质押人

采分点 28：留置权人与债务人应当约定留置财产后的债务履行期间；没有约定或者约定不明确的，留置权人应当给债务人 <u>2 个月</u>以上履行债务的期间，但鲜活易腐等不易保管的动产除外。

——**易混淆点**：半个月；1 个月

采分点 29：《中华人民共和国物权法》规定，留置财产折价或者变卖的，应当参照<u>市场价格</u>。

——**易混淆点**：财产原价；评估价格

采分点 30：《中华人民共和国物权法》规定，依法属于国家所有的自然资源，所有权<u>可以不登记</u>。

——**易混淆点**：需要登记

采分点 31：《中华人民共和国物权法》规定，不动产物权的设立、变更、转让和消灭，依照法律规定应当登记的，<u>自记载于不动产登记簿</u>时产生效力。

——**易混淆点**：颁发不动产证书；申请不动产登记；事实行为发生

采分点 32：《中华人民共和国物权法》规定，当事人之间订立有关设立、变更、转让和消灭不动产物权的合同，除法律另有规定或者合同另有约定外，<u>自合同成立</u>时生效。

——**易混淆点**：办理物权登记；事实行为发生

采分点 33：《中华人民共和国物权法》规定，当事人之间订立有关设立、变更、转让和消灭不动产物权的合同时，若未办理物权登记，<u>不影响</u>合同效力。

——**易混淆点**：影响

采分点 34：《中华人民共和国物权法》规定，预告登记后，债权消灭或者自能够进行不动产登记之日起 <u>3 个月</u>内未申请登记的，预告登记失效。

——**易混淆点**：1 个月；2 个月；6 个月

采分点 35：《中华人民共和国物权法》规定，一般情况下动产物权的转让，自<u>交付之日起发</u>生效力，但法律另有规定的除外。（2009 年考试涉及）

——**易混淆点**：买卖合同生效；转移登记；买方占有

采分点 36：根据有关法律的规定，<u>船舶、航空器和机动车等</u>物权的设立、变更、转让和消灭，未经登记，不得对抗善意第三人。

——**易混淆点**：以汇票出质的质权

采分点 37：《中华人民共和国物权法》规定，动产物权设立和转让前，权利人已经依法占有该动产的，物权自<u>法律行为生效</u>时发生效力。

——**易混淆点**：权利人实际占有该动产；约定生效

采分点 38：《中华人民共和国物权法》规定，动产物权设立和转让前，第三人依法占有该动产的，负有交付义务的人可以通过<u>转让请求第三人返还原物的权利</u>代替交付。

——**易混淆点**：支付债权人同等性质动产物权

采分点 39：《中华人民共和国物权法》规定，动产物权转让时，双方又约定由出让人继续占有该动产的，物权自<u>该约定生效</u>时发生效力。

——**易混淆点**：交付；行为发生

采分点 40：《中华人民共和国物权法》规定，因人民法院、仲裁委员会的法律文书或者人民政府的征收决定导致物权设立、变更、转让或者消灭的，<u>自法律文书或者人民政府的征收决定等生效</u>时发生效力。

——**易混淆点**：事实行为成就

采分点 41：建设用地使用权是指建设用地使用权人依法对国家所有的土地享有<u>占有、使用和收益</u>的权利，有权利用该土地建造建筑物、构筑物及其附属设施。

——**易混淆点**：不能占有，只能使用和收益

采分点 42：《中华人民共和国物权法》规定，国有建设用地使用权的用益物权，可以采取<u>出</u>

让或划拨的方式设立。（2009 年考试涉及）

——**易混淆点**：出租；抵押；转让

采分点 43：《中华人民共和国物权法》规定，建设用地使用权转让、互换、出资、赠与或者抵押的，当事人应当采取书面形式订立相应的合同。使用期限由当事人约定，但不得超过建设用地使用权的剩余期限。

——**易混淆点**：建设用地使用权期限的 1/3；20 年；30 年

采分点 44：《中华人民共和国物权法》规定，住宅使用期限在建设用地使用权期间届满时自动续期。

——**易混淆点**：自动终止；重新办理

采分点 45：《中华人民共和国物权法》规定，建设用地使用权转让、互换、出资或者赠与的，应当向登记机构申请变更登记。

——**易混淆点**：抵押

采分点 46：《中华人民共和国物权法》规定，妨害物权或者可能妨害物权的，权利人可以请求排除妨害、消除危险。

——**易混淆点**：赔偿损失、排除妨害；消除危险、恢复原状；恢复原状、赔偿损失

采分点 47：《中华人民共和国物权法》规定，造成不动产或者动产毁损的，权利人可以请求修理、重作、更换和恢复原状。

——**易混淆点**：双倍赔偿

采分点 48：《中华人民共和国物权法》规定，侵害物权造成权利人损害的，权利人可以请求损害赔偿，也可以承担其他民事责任。

——**易混淆点**：行政责任；刑事责任

第6章

建筑法（2Z201060）

【重点提示】

2Z201061　掌握施工许可制度
2Z201062　掌握企业资质等级许可制度
2Z201063　掌握专业人员执业资格制度
2Z201064　掌握工程发包制度
2Z201065　掌握工程承包制度
2Z201066　掌握工程分包制度
2Z201067　掌握工程监理制度

【采分点精粹】

采分点 1：《中华人民共和国建筑法》于 1997 年 11 月 1 日由中华人民共和国第八届全国人民代表大会常务委员会第二十八次会议通过，于 1997 年 <u>11 月 1 日</u>发布，自 1998 年 <u>3 月 1 日</u>起施行。

　　——**易混淆点：**6 月 1 日，12 月 1 日；8 月 1 日；1 月 1 日

采分点 2：《中华人民共和国建筑法》共包括 <u>85 条</u>，分别从建筑许可、建筑工程发包与承包、建筑工程监理、建筑安全生产管理和建筑工程质量管理等方面做出了规定。

　　——**易混淆点：**68 条；72 条；80 条

采分点 3：《中华人民共和国建筑法》第七条规定，建筑工程开工前，建设单位应当按照国家有关规定向工程所在地县级以上人民政府建设行政主管部门申请领取<u>施工许可证</u>。（2009、2008 年考试涉及）

　　——**易混淆点：**建设用地规划许可证；建设工程规划许可证；安全生产许可证

采分点 4： 《中华人民共和国建筑法》规定，建设行政主管部门应当在接到申请后的 15 日内，对符合条件的申请者颁发施工许可证。（2006 年考试涉及）

——**易混淆点：** 30 日；2 个月；3 个月

采分点 5： 《中华人民共和国建筑法》第八条规定，申请领取施工许可证应当具备的条件包括：①已办理工程用地批准手续；②在城市规划区的建筑工程，已经取得规划许可证；③需要拆迁的，其拆迁进度符合施工要求；④已经确定建筑施工企业；⑤有满足施工需要的施工图纸及技术资料；⑥有保证工程质量和安全的具体措施；⑦建设资金已经落实。（2006、2005 年考试涉及）

——**易混淆点：** 材料、设备已经购入；有符合国家规定的注册资本

采分点 6： 任何单位和个人因进行建设而需要使用土地的，必须依法申请使用土地。其中需要使用国有建设用地的，应当向有批准权的土地行政主管部门申请。

——**易混淆点：** 人民政府有关部门

采分点 7： 在城市、镇规划区内以划拨方式提供国有土地使用权的建设项目，经有关部门批准、核准和备案后，建设单位应当向城市或县人民政府城乡规划主管部门提出建设用地规划许可申请，由城市或县人民政府城乡规划主管部门依据控制性详细规划核定建设用地的位置、面积及允许建设的范围，核发建设用地规划许可证。

——**易混淆点：** 修建性详细规划；总体规划

采分点 8： 根据《中华人民共和国城乡规划法》的规定，未确定规划条件的地块，不得出让国有土地使用权。

——**易混淆点：** 可以

采分点 9： 《中华人民共和国城乡规划法》规定，以出让方式取得国有土地使用权的建设项目，建设单位应当持建设项目的批准、核准、备案文件和国有土地使用权出让合同，向城市或县人民政府城乡规划主管部门领取建设用地规划许可证。

——**易混淆点：** 建设项目的批准、核准和备案文件

采分点 10： 某房地产开发公司在某市老城区拟开发的一住宅小区项目涉及拆迁，按照《建

筑工程施工许可管理办法》的规定，房地产公司申领施工许可证前需要<u>拆迁进度必须已经满足施工的要求</u>。

　　——**易混淆点**：拆迁工作必须全部完成；拆迁补偿安置资金必须全部到位；拆迁工程量必须完成 50%

采分点 11：《建筑工程施工许可管理办法》第四条规定，建设单位申领施工许可证时所提交的施工图纸及技术资料应当满足施工需要并已按规定<u>进行了审查</u>。

　　——**易混淆点**：施工需要并通过监理单位审查；开发公司的要求

采分点 12：《建筑工程施工许可管理办法》第四条规定，建设单位申领施工许可证时，若其建设工期不足一年，到位资金原则上应不少于工程合同价款的 <u>50%</u>。（2005 年考试涉及）

　　——**易混淆点**：10%；30%；80%

采分点 13：《建筑工程施工许可管理办法》第四条规定，建设单位申领施工许可证时，若其建设工期超过一年，到位资金原则上不得少于工程合同价的 <u>30%</u>。（2010、2009 年考试涉及）

　　——**易混淆点**：10%；20%；50%

采分点 14：《建筑工程施工许可管理办法》第四条规定，建设单位应当提供银行出具的到位资金证明，有条件的可以实行<u>银行付款保函或者其他第三方担保</u>。

　　——**易混淆点**：银行担保

采分点 15：《中华人民共和国消防法》规定，对于按规定需要进行消防设计的建筑工程，<u>建设单位</u>应当将其消防设计图纸报送公安消防机构审核；未经审核或者经审核不合格的，建设行政主管部门不得发给其施工许可证，工程不得施工。

　　——**易混淆点**：设计单位；施工单位；监理单位

采分点 16：《中华人民共和国建筑法》第六十四条规定，违反本法规定，未取得施工许可证或者开工报告未经批准擅自施工的建设单位，责令改正，对不符合开工条件的，<u>应责令停止施工，可以处以罚款</u>。

——易混淆点：降低资质等级；构成犯罪的，依法追究刑事责任

采分点 17：《建筑工程施工许可管理办法》规定，不需要办理施工许可证的工程有：①国务院建设行政主管部门确定的限额以下的小型工程；②作为文物保护的建筑工程；③抢险救灾工程；④临时性建筑；⑤军用房屋建筑；⑥按照国务院规定的权限和程序批准开工报告的建筑工程。（2009 年考试涉及）

——易混淆点：私人投资工程

采分点 18：《建筑工程施工许可管理办法》第二条规定，限额以下的小型工程是指工程投资额在 30 万元以下或者建筑面积在 300 平方米以下的建筑工程。

——易混淆点：50 万元，500 平方米；60 万元，400 平方米

采分点 19：《中华人民共和国建筑法》第八十四条规定，军用房屋建筑工程建筑活动的具体管理办法，由国务院和中央军事委员会依据本法制定。

——易混淆点：国家发展和改革委员会；中央组织部；住房和城乡建设部

采分点 20：按照国务院规定的权限和程序批准开工的建筑工程，其开工的前提是已经有经批准的开工报告。

——易混淆点：具有施工许可证

采分点 21：《中华人民共和国建筑法》第九条规定，建设单位应当自领取施工许可证之日起 3 个月内开工。

——易混淆点：1 个月；2 个月；4 个月

采分点 22：某建设单位计划新建一座大型超市，于 2009 年 3 月 21 日领到工程施工许可证。按照建筑法施工许可制度的规定，该工程正常开工的最迟允许日期应为 2009 年 6 月 20 日。

——易混淆点：4 月 20 日；6 月 22 日；9 月 21 日

采分点 23：《中华人民共和国建筑法》第九条规定，建设单位领取施工许可证后，因故不能按期开工的，应当向发证机关申请延期，延期以 2 次为限，每次不超过 3 个月。

（2006、2005年考试涉及）

——**易混淆点**：1次，3个月；3次，2个月；2次，6个月

采分点24：《中华人民共和国建筑法》规定，在建的建筑工程因故中止施工的，建设单位应当自中止施工之日起 <u>1个月</u>内，向发证机关报告，并按照规定做好建筑工程的维护管理工作。（2006年考试涉及）

——**易混淆点**：2个月；3个月

采分点25：《中华人民共和国建筑法》第十条规定，建筑工程恢复施工时，应当向发证机关报告；中止施工满一年的工程恢复施工前，建设单位应当<u>报发证机关核验施工许可证</u>。

——**易混淆点**：重新申领施工许可证；请发证机关检查施工场地

采分点26：《中华人民共和国建筑法》第十一条规定，按照国务院有关规定批准开工报告的建筑工程，因故不能按期开工或者中止施工的，应当及时向批准机关报告情况。因故不能按期开工超过 <u>6个月</u>的，应当重新办理开工报告的批准手续。

——**易混淆点**：3个月；4个月；5个月

采分点27：从事建筑活动的建筑施工企业、勘察单位、设计单位和工程监理单位，按照其拥有的<u>注册资本、专业技术人员、技术装备和已完成的建筑工程业绩</u>等资质条件可划分为不同的资质等级，经资质审查合格，取得相应等级的资质证书后，方可在其资质等级许可的范围内从事建筑活动。（2005年考试涉及）

——**易混淆点**：流动资金、专业技术人员和突出业绩；注册资本、专业管理人员和资格证书

采分点28：<u>国务院建设行政主管部门</u>负责全国建筑业企业资质、建设工程勘察、设计资质和工程监理企业资质的归口管理工作。

——**易混淆点**：工商行政管理部门

采分点29：新设立的企业，应首先到<u>工商行政管理部门</u>登记注册手续，在取得企业法人营业执照后，方可办理资质申请手续。

————**易混淆点**：所在地人民政府；建设行政主管部门

采分点 30：我国建筑业企业资质可分为<u>施工总承包、专业承包和劳务分包</u> 3 个序列。（2010年考试涉及）

————**易混淆点**：工程总承包、施工总承包和专业承包；工程总承包、专业分包和劳务分包；施工总承包、专业总承包和劳务分包

采分点 31：工程勘察资质可分为<u>工程勘察综合资质、工程勘察专业资质和工程勘察劳务资质</u>。

————**易混淆点**：工程勘察专项资质

采分点 32：在工程勘察资质的分类中，<u>工程勘察综合资质</u>只设甲级。

————**易混淆点**：工程勘察专业资质；工程勘察劳务资质

采分点 33：在工程勘察资质的分类中，<u>工程勘察专业资质</u>设甲级和乙级，根据工程性质和技术特点，部分专业可以设丙级。

————**易混淆点**：工程勘察综合资质；工程勘察劳务资质

采分点 34：在工程勘察资质的分类中，<u>工程勘察劳务资质</u>不分等级。

————**易混淆点**：工程勘察综合资质；工程勘察专业资质

采分点 35：《建设工程勘察设计资质管理规定》规定，取得工程勘察劳务资质的企业，可以承接<u>岩土工程治理、工程钻探和凿井</u>等工程勘察劳务业务。

————**易混淆点**：海洋工程勘察

采分点 36：工程设计资质可分为<u>工程设计综合资质、工程设计行业资质、工程设计专业资质和工程设计专项资质</u>。

————**易混淆点**：工程设计劳务资质

采分点 37：《建设工程勘察设计资质管理规定》规定，在工程设计资质分类中，<u>工程设计综</u>

合资质只设甲级。

——**易混淆点**：工程设计行业资质；工程设计专业资质；工程设计专项资质

采分点 38：《建设工程勘察设计资质管理规定》规定，在工程设计资质分类中，工程设计行业资质、工程设计专业资质和工程设计专项资质设甲级、乙级。

——**易混淆点**：工程设计综合资质

采分点 39：《建设工程勘察设计资质管理规定》规定，取得工程设计专业资质的企业，可以承接本专业相应等级的专业工程设计业务及同级别的相应专项工程设计业务（设计施工一体化资质除外）。

——**易混淆点**：工程设计专项资质；工程设计行业资质

采分点 40：根据国家现行工程监理企业资质管理规定，工程监理企业资质种类可分为综合资质、专业资质和事务所资质。

——**易混淆点**：甲级资质、乙级资质和丙级资质；一级资质、二级资质和三级资质

采分点 41：在工程监理企业的资质种类中，专业资质按照工程性质和技术特点可划分为若干工程类别。

——**易混淆点**：综合资质；事务所资质

采分点 42：在工程监理企业的资质种类中，综合资质和事务所资质不分级别。

——**易混淆点**：专业资质

采分点 43：在工程监理企业的资质种类中，房屋建筑、水利水电、公路和市政公用专业资质可设立丙级。

——**易混淆点**：环保；矿山；石油化工

采分点 44：工程监理企业可以开展相应类别建设工程的项目管理、技术咨询等业务。在专业资质中，专业甲级资质可承担相应专业工程类别建设工程项目的工程监理业务。

——**易混淆点**：专业乙级资质；专业丙级资质

采分点 45：工程监理企业可以开展相应类别建设工程的项目管理、技术咨询等业务。在专业资质中，专业乙级资质可承担相应专业工程类别<u>二级以下（含二级）</u>建设工程项目的工程监理业务。

——**易混淆点**：二级以下（不含二级）；三级以下（含三级）

采分点 46：工程监理企业可以开展相应类别建设工程的项目管理、技术咨询等业务。在专业资质中，专业丙级资质可承担相应专业工程类别<u>三级</u>建设工程项目的工程监理业务。

——**易混淆点**：二级；三级以下（含三级）

采分点 47：<u>建筑业专业人员执业资格制度</u>指的是我国的建筑业专业人员在各自的专业范围内参加全国或行业组织的统一考试，获得相应的执业资格证书，经注册后在资格许可范围内执业的制度。

——**易混淆点**：建造师的注册管理制度；建设工程企业资质等级许可制度；建造师的执业管理制度

采分点 48：目前我国主要的建筑业专业技术人员执业资格种类包括：<u>注册建筑师、注册结构工程师</u>、注册造价工程师、注册土木（岩土）工程师、注册房地产估价师、注册监理工程师和注册建造师。（2008 年考试涉及）

——**易混淆点**：注册土地估价师；注册资产评估师

采分点 49：我国建筑业专业技术人员的执业资格存在许多共同点，这些共同点正是我国建筑业专业技术人员执业资格的核心内容，包括：①均需要参加统一考试；②<u>均需要注册</u>；③均有各自的执业范围；④均需要接受继续教育；⑤不得同时应聘于两家不同的单位。（2009 年考试涉及）

——**易混淆点**：均为一次注册终生有效

采分点 50：根据建筑业的有关规定，跨行业、跨区域执业的建筑业专业技术人员需要参加<u>全国统一考试</u>。

——**易混淆点**：本行业统一考试；本区域统一考试

采分点 51：建设工程的发包方式主要有<u>招标发包和直接发包</u>。

    ——**易混淆点**：公开发包；邀请发包；间接发包

采分点 52：《中华人民共和国建筑法》第十九条规定，建筑工程依法实行<u>招标发包</u>，对不适用于此种方式发包的可以<u>直接发包</u>。

    ——**易混淆点**：直接发包，招标发包

采分点 53：《中华人民共和国建筑法》第二十四条第一款规定，提倡对建筑工程实行<u>总承包</u>。

    ——**易混淆点**：肢解发包；总发包

采分点 54：《中华人民共和国建筑法》第二十四条第二款规定，建筑工程的发包单位可以将建筑工程的勘察、设计、施工和设备采购一并发包给一个工程总承包单位，也可以将<u>建筑工程勘察、设计、施工和设备采购的一项或者多项发包给一个工程总承包单位</u>。

    ——**易混淆点**：将工程设计发包给一家企业，采购、施工和监理一并发包给另一家企业

采分点 55：关于建设工程发承包制度，《中华人民共和国建筑法》规定，<u>禁止将建设工程肢解发包</u>和违法采购。（2005 年考试涉及）

    ——**易混淆点**：承包人将其承包的建筑工程分包他人；两个不同资质等级的单位联合共同承包

采分点 56：肢解发包指的是建设单位将应当由一个承包单位完成的建设工程分解成若干部分发包给不同的承包单位的行为。肢解发包的弊端在于：①<u>可能导致发包人变相规避招标</u>；②不利于投资和进度目标的控制；③增加发包的成本；④增加了发包人管理的成本。

    ——**易混淆点**：会导致工程承包单位违法采购

采分点 57：工程建设项目不符合《工程建设项目招标范围和规模标准规定》规定的范围和标准的小规模的建筑材料、建筑构配件和设备，需要由建设单位及承包商负责采购或由<u>双方约定的供应商供应</u>。

——**易混淆点**：通过招标选择的货物供应单位

采分点 58：工程建设项目符合《工程建设项目招标范围和规模标准规定》规定的范围和标准的大规模材料设备，必须通过招标选择货物供应单位。

——**易混淆点**：由双方约定的供应商供应；由建设单位负责采购；由承包商负责采购

采分点 59：《工程建设项目货物招标投标办法》第五条规定，工程建设项目招标人对项目实行总承包招标时，以暂估价形式包括在总承包范围内的货物达到国家规定规模标准的，应当由总承包中标人和工程建设项目招标人共同依法组织招标。

——**易混淆点**：工程建设项目招标人

采分点 60：根据工程承包相关法律规定，建筑施工企业只能在本企业资质等级许可的业务范围内承揽工程。（2010 年考试涉及）

——**易混淆点**：可以超越本企业资质等级许可的业务范围；可以以另一个建筑施工企业的名义；可以允许其他单位或者个人使用本企业的资质证书

采分点 61：《中华人民共和国建筑法》规定，禁止建筑施工企业以任何形式允许其他单位或个人使用本企业的资质证书和营业执照，或以本企业的名义承揽工程。（2010、2006 年考试涉及）

——**易混淆点**：企业代码证；银行账号；税务登记证

采分点 62：《最高人民法院关于审理建设工程施工合同纠纷案件适用法律问题的解释》第一条规定，承包人未取得建筑施工企业资质或者超越资质等级签订的建设工程施工合同应认定为无效合同。

——**易混淆点**：可撤销合同；可变更合同；效力待定合同

采分点 63：《最高人民法院关于审理建设工程施工合同纠纷案件适用法律问题的解释》第一条规定，没有资质的实际施工人借用有资质的建筑施工企业名义签订的建设工程施工合同应认定为无效合同。

——**易混淆点**：取得相应施工企业资质不满 3 年的工程承包人

采分点 64：建设工程施工合同无效，且建设工程竣工验收不合格的，若修复后的建设工程经竣工验收合格，<u>发包人请求承包人承担修复费用</u>的，应予支持。

——**易混淆点**：承包人请求支付工程价款

采分点 65：承包人超越资质等级许可的业务范围签订建设工程施工合同，在建设工程竣工前取得相应资质等级，当事人请求按照无效合同处理的，<u>不予支持</u>。

——**易混淆点**：应予支持

采分点 66：《工程建设项目施工招标投标办法》规定，联合体投标未附有联合体各方共同投标协议的，由评标委员会初审后<u>按废标处理</u>。（2005 年考试涉及）

——**易混淆点**：通知投标人补充联合投标协议

采分点 67：甲乙两建筑公司组成一个联合体去投标，在共同投标协议中约定：如果在施工过程中出现质量问题而遭遇建设单位索赔，各自承担索赔额的 50%。后来甲建筑公司施工部分出现质量问题，建设单位索赔 20 万元。则<u>如果建设单位向乙公司主张，乙公司应先承担 20 万元索赔责任</u>。（2009 年考试涉及）

——**易混淆点**：由于是甲公司的原因导致，故建设单位只能向甲公司主张权利；乙公司只应对建设单位承担 10 万元的赔偿责任；只有甲公司无力承担，乙公司才应先承担全部责任

采分点 68：《中华人民共和国建筑法》第二十七条规定，承包建筑工程的单位应当在其资质等级许可的业务范围内承揽工程。大型建筑工程或者结构复杂的建筑工程，可以由两个以上的承包单位联合共同承包，但两个以上不同资质等级的单位实行联合共同承包的，应当按照<u>资质等级较低的单位的业务许可范围承揽工程</u>。

——**易混淆点**：资质等级较高的单位的业务许可范围；重新评定的资质业务许可范围；联合承包各方在各自的资质范围

采分点 69：《最高人民法院关于审理建设工程施工合同纠纷案件适用法律问题的解释》第四条规定，承包人非法转包、违法分包建设工程或者没有资质的实际施工人借用

有资质的建筑施工企业名义与他人签订建设工程施工合同的行为无效。人民法院可以根据民法通则的规定，收缴当事人已经取得的非法所得。此处的违法所得应是扣除成本后的管理费。

——**易混淆点**：扣除成本后的税金、管理费和工程保修费；扣除成本后的管理费和工程保修费；扣除成本后的税金和管理费

采分点 70：《中华人民共和国建筑法》规定，发包单位将工程发包给不具有相应资质条件的承包单位的，或者违反本法规定将建筑工程肢解发包的，应责令改正，处以罚款。

——**易混淆点**：有违法所得的，予以没收；吊销资质证书；责令停业整顿

采分点 71：《中华人民共和国建筑法》规定，发包单位超越本单位资质等级承揽工程的，责令停止违法行为，处以罚款，可以责令停业整顿，降低资质等级；情节严重的，吊销资质证书；有违法所得的，予以没收。（2007 年考试涉及）

——**易混淆点**：追究刑事责任

采分点 72：《中华人民共和国建筑法》规定，发包单位未取得资质证书承揽工程的，应予以取缔，并处罚款；有违法所得的，予以没收。

——**易混淆点**：降低资质等级；给予拘留

采分点 73：《中华人民共和国建筑法》规定，以欺骗手段取得资质证书的，应吊销资质证书，处以罚款；构成犯罪的，依法追究刑事责任。

——**易混淆点**：降低资质等级；责令停业整顿

采分点 74：《中华人民共和国建筑法》第六十六条规定，建筑施工企业转让、出借资质证书，或者以其他方式允许他人以本企业的名义承揽工程的，责令改正，没收违法所得，并处罚款，可以责令停业整顿，降低资质等级，情节严重的，吊销资质证书。

——**易混淆点**：降低资质等级；依法追究刑事责任

采分点 75：某国有施工企业甲公司将其资质证书借给某乡镇施工企业乙公司，承揽了A 集团公司办公大楼工程，后因不符合规定质量标准而给 A 集团造成了损失。

那么，赔偿责任应当由甲公司和乙公司连带承担。（2007 年考试涉及）

——**易混淆点**：甲公司；乙公司；甲公司和乙公司按资产比例

采分点 76：《中华人民共和国建筑法》第六十六条规定，在工程发包与承包中索贿、受贿、行贿、构成犯罪的，依法追究刑事责任；不构成犯罪的，分别处以罚款，没收贿赂的财物，对直接负责的主管人员和其他直接责任人员给予处分。

——**易混淆点**：处罚

采分点 77：分包可分为专业工程分包和劳务作业分包。

——**易混淆点**：综合工程分包和专项工程分包

采分点 78：专业工程分包是指总承包单位将其所承包工程中的专业工程发包给具有相应资质的其他承包单位完成的活动。

——**易混淆点**：专业承包单位

采分点 79：根据《中华人民共和国建筑法》的规定，建筑工程总承包单位可以将其承包工程中的部分工程发包给具有相应资质条件的分包单位。

——**易混淆点**：将其承包的全部建筑工程肢解以后分别发包给他人；将其中的主体结构工程分包给他人

采分点 80：在国内，指定分包商是违法的。

——**易混淆点**：认可

采分点 81：《建设工程质量管理条例》规定，违法分包的情形包括：①总承包单位将建设工程分包给不具备相应资质条件的单位的；②建设工程总承包合同中未有约定，又未经建设单位认可，承包单位将其承包的部分建设工程交由其他单位完成的；③施工总承包单位将建设工程主体结构的施工分包给其他单位的；④分包单位将其承包的建设工程再分包的。

——**易混淆点**：发包单位将建设工程肢解发包给具有相应资质条件的单位的

采分点 82：《中华人民共和国建筑法》第二十九条第二款规定，建筑工程分包单位按照分包

合同的约定对总承包单位负责。(2005 年考试涉及)

——**易混淆点**：总承包合同的约定；总承包合同和分包合同任一约定

采分点 83：当分包工程发生质量、安全和进度等方面问题给建设单位造成损失时，建设单位可以根据总承包合同向总承包单位追究违约责任，也可以根据法律规定直接要求分包单位承担损害赔偿责任。

——**易混淆点**：只可以根据总承包合同向总承包单位追究违约责任

采分点 84：《中华人民共和国建筑法》规定，承包单位将承包的工程转包的，或者违反本法规定进行分包的，责令改正，没收违法所得，并处罚款，可以责令停业整顿，降低资质等级；情节严重的，吊销资质证书。

——**易混淆点**：进行行政处罚

采分点 85：《中华人民共和国建筑法》第六十七条规定，承包单位将承包的工程转包的，或者违反本法规定进行分包的，对因转包工程或者违法分包的工程不符合规定的质量标准造成的损失，承包单位与接受转包或者分包的单位承担连带赔偿责任。

——**易混淆点**：由承包单位独自负责；由接受转包或者分包的单位独自负责；
承包单位与接受转包或者分包的单位各自独立承担相应责任

采分点 86：建设工程监理是指监理单位受项目法人委托，依据建设工程监理合同、建设工程合同、国家制定的工程强制性标准，以及有关建设工程的法律、法规对建设工程实施的监督管理。

——**易混淆点**：建设工程的推荐性标准；工程监理规划

采分点 87：《中华人民共和国建筑法》规定，建设单位与其委托的工程监理单位应当订立书面委托监理合同。

——**易混淆点**：地方政府；质量监督部门；咨询公司

采分点 88：《中华人民共和国建筑法》规定，建设单位和工程监理单位之间是一种委托代理关系。

——**易混淆点**：信托关系；合同关系

采分点 89：《中华人民共和国建筑法》第三十条规定，国家推行建筑工程监理制度，<u>国务院</u>可以规定实行强制监理的建筑工程的范围。

  ——**易混淆点**：国家权力机关；社会组织；建筑协会

采分点 90：《建设工程质量管理条例》第十二条规定，必须实行监理的建设工程包括：<u>国家重点建设项目</u>；大中型公用事业工程；成片开发建设的住宅小区工程；利用外国政府或者国际组织贷款、援助资金的工程和国家规定必须实行监理的其他工程。

  ——**易混淆点**：国债项目建设工程

采分点 91：项目总投资额在 <u>3000 万元</u> 以上的供水、供电、供气和供热等市政工程项目属于大中型公用事业工程。

  ——**易混淆点**：1000 万元；2000 万元

采分点 92：《建设工程监理范围和规模标准规定》第五条规定，建筑面积在 <u>5 万平方米</u> 以上的住宅建设工程必须实行监理。

  ——**易混淆点**：1 万平方米以上 3 万元平方米以下；3 万平方米以上 5 万平方米以下

采分点 93：《建设工程监理范围和规模标准规定》第五条规定，建筑面积在 5 万平方米以下的住宅建设工程，<u>可以</u>实行监理。

  ——**易混淆点**：必须；不必

采分点 94：《建设工程监理范围和规模标准规定》规定，利用外国政府或者国际组织贷款、援助资金的工程范围包括：使用世界银行、亚洲开发银行等国际组织贷款资金的项目；使用国外政府及其机构贷款资金的项目；<u>使用国际组织或者国外政府援助资金的项目</u>。

  ——**易混淆点**：使用我国驻外大使馆组织援助资金的项目；使用国际红十字会组织援助资金的项目

采分点 95：《建设工程监理范围和规模标准规定》规定，项目总投资额在 <u>3000 万元</u> 以上关系社会公共利益、公众安全的铁路、公路、管道、水运、民航，以及其他交通运输业等项目必须实行监理。

——**易混淆点**：1000 万元；2000 万元

采分点 96：根据《建设工程监理范围和规模标准规定》的规定，<u>煤炭、石油、化工、天然气、电力和新能源等项目</u>属于关系社会公共利益及公众安全的基础设施项目。

——**易混淆点**：用于食品加工的饮食基地建设项目

采分点 97：技术标准分为<u>强制性标准和推荐性标准</u>。

——**易混淆点**：参照性标准和内控标准

采分点 98：通常情况下，建设单位如要求采用<u>推荐性标准</u>，应当与设计单位或施工单位在合同中予以明确约定。

——**易混淆点**：强制性标准；参照性标准

采分点 99：经合同约定采用的<u>推荐性标准</u>，对合同当事人同样具有法律约束力，设计或施工未达到该标准，将构成违约行为。

——**易混淆点**：强制性标准；参照性标准

采分点 100：建设单位和承包单位通过订立建设工程承包合同，明确双方的权利和义务。合同中约定的内容要远远<u>大于</u>设计文件的内容。

——**易混淆点**：小于

采分点 101：工程监理在本质上是代表建设单位而进行的项目管理，其内容包括"三控制、三管理、一协调"。其中的"三控制"是指<u>进度控制、质量控制和成本控制</u>。（2008 年考试涉及）

——**易混淆点**：安全控制

采分点 102：工程监理在本质上是代表建设单位而进行的项目管理，其内容包括"三控制、三管理、一协调"。其中的"三管理"是指<u>安全管理、合同管理和信息管理</u>。（2008 年考试涉及）

——**易混淆点**：质量管理；成本管理

采分点 103：工程监理的内容与业主方同一建设阶段项目管理的内容是一致的，一般包括"三控制、三管理、一协调"，而具体工程的监理内容及权限取决于监理合同的授权。

　　——**易混淆点**：施工合同；设计合同；法律法规

采分点 104：《中华人民共和国建筑法》第三十三条规定，实施建筑工程监理前，建设单位应当将委托的工程监理单位、监理的内容和监理权限，以书面形式通知被监理的建筑施工企业。

　　——**易混淆点**：监理规划；监理的费用

采分点 105：《中华人民共和国建筑法》第三十二条第二款规定，工程监理人员认为工程施工不符合工程设计要求、施工技术标准和合同约定的，有权要求建筑施工企业改正。

　　——**易混淆点**：设计单位

采分点 106：《中华人民共和国建筑法》第三十二条第三款规定，工程监理人员发现工程设计不符合建筑工程质量标准或者合同约定的质量要求的，应当报告建设单位要求设计单位改正。

　　——**易混淆点**：指示施工单位修改设计文件；将设计文件修改后发给施工单位实施

采分点 107：监理单位在履行监理义务时，对应当监督检查的项目不检查或者不按照规定检查，给建设单位造成损失的，应当承担相应的赔偿责任。

　　——**易混淆点**：全部；主要；次要

采分点 108：《中华人民共和国建筑法》规定，工程监理单位与承包单位串通，为承包单位谋取非法利益，给建设单位造成损失的，应当与承包单位承担连带赔偿责任。

　　——**易混淆点**：由承包企业独自承担赔偿责任；由监理企业独自承担赔偿责任

采分点 109：《中华人民共和国建筑法》规定，工程监理单位转让监理业务的，责令改正，没收违法所得，可以责令停业整顿，降低资质等级；情节严重的，应吊销资质证书。

　　——**易混淆点：**处以罚款；对责任人员处以拘留

第**7**章

招标投标法（2Z201070）

【重点提示】

【采分点精粹】

采分点 1：《中华人民共和国招标投标法》由中华人民共和国第九届全国人民代表大会常务委员会第十一次会议于 1999 年 8 月 30 日通过，自 2000 年 1 月 1 日起施行。

　　——**易混淆点**：1999 年 12 月 1 日；2000 年 5 月 1 日

采分点 2：《中华人民共和国招标投标法》共包括 68 条，分别从招标、投标、开标、评标和中标等各主要阶段对招标投标活动作出了规定。

　　——**易混淆点**：58 条；62 条；65 条

采分点 3：《中华人民共和国招标投标法》第五条规定，招标投标活动应当遵循公开、公平、公正、诚实信用的原则。（2006、2005 年考试涉及）

　　——**易混淆点**：自愿；最低价中标；等价有偿

采分点 4：《中华人民共和国招标投标法》规定，招标投标活动应当遵循公开原则，这是为了保证招标活动的广泛性、竞争性和透明性。公开原则，首先要求招标信息公开。其次，公开原则还要求<u>招标投标过程</u>公开。

————**易混淆点：**评标方式公开；投标单位公开；招标单位公开

采分点 5：招标人不得以任何理由排斥或者歧视本地区、本系统以外的任何法人或者其他组织参加投标，这是投标活动中<u>公平原则</u>的体现。（2005 年考试涉及）

————**易混淆点：**公开原则；公正原则；诚实信用原则

采分点 6：《中华人民共和国招标投标法》第三条规定，在中华人民共和国境内进行下列工程建设项目，包括项目的勘察、设计、施工、监理，以及与工程建设有关的重要设备、材料等的采购，必须进行招标：①<u>大型基础设施、公用事业等关系社</u><u>会公共利益、公众安全的项目</u>；②全部或者部分使用国有资金投资或者国家融资的项目；③使用国际组织或者外国政府贷款、援助资金的项目。（2009 年考试涉及）

————**易混淆点：**属于利用扶贫资金实行以工代赈，需要使用农民工的项目；施工主要技术采用特定的专利或者专有技术的工程

采分点 7：《工程建设项目招标范围和规模标准规定》规定，大型基础设施项目的施工单项合同估算价在 <u>200 万元</u>人民币以上时，必须进行招标。（2008、2005 年考试涉及）

————**易混淆点：**50 万元；100 万元；150 万元

采分点 8：《工程建设项目招标范围和规模标准规定》规定，重要设备、材料等货物的采购，单项合同估算价在 <u>100 万元</u>人民币以上时，必须进行招标。

————**易混淆点：**50 万元；70 万元；90 万元

采分点 9：《工程建设项目招标范围和规模标准规定》规定，大型基础设施项目的勘察、设计和监理等服务的采购，单项合同估算价在 <u>50 万元</u>人民币以上时，必须进行招标。（2010、2005 年考试涉及）

————**易混淆点：**20 万元；30 万元；40 万元

采分点 10：《工程建设项目招标范围和规模标准规定》第九条规定，在依法必须进行招标的项目中，<u>全部使用国有资金投资、国有资金投资占控股或者主导地位</u>的项目，应当公开招标。

　　　　——**易混淆点**：关系社会公共利益的项目；基础设施项目；关系公众安全的项目

采分点 11：《工程建设项目招标范围和规模标准规定》规定，项目总投资额在 <u>3000 万元</u>人民币以上的项目必须进行招标。

　　　　——**易混淆点**：1000 万元；2000 万元

采分点 12：根据《中华人民共和国招标投标法》和《工程建设项目施工招标投标办法》的规定，需要审批的工程建设项目，<u>涉及国家安全、国家秘密或者抢险救灾而不适宜招标的</u>，由审批部门批准，可以不进行施工招标。

　　　　——**易混淆点**：大型基础设施、公用事业等关系社会公共利益、公众安全的；全部或者部分使用国有资金投资或者国家融资的

采分点 13：《建设工程勘察设计管理条例》第十六条规定，有些建设工程的勘察和设计，经有关主管部门批准，可以直接发包。可以不进行招标的勘查和设计的项目主要包括：①<u>采用特定的专利或者专有技术的项目</u>；②建筑艺术造型有特殊要求的项目；③国务院规定的其他建设工程的勘察和设计项目。

　　　　——**易混淆点**：勘察、设计和监理等服务的采购，单项合同估算价在 50 万元人民币以上的项目；使用国际组织或者外国政府贷款、援助资金的项目

采分点 14：《中华人民共和国招标投标法》规定，对建设单位应该依法必须进行招标的项目而不招标的，将必须进行招标的项目化整为零或者以其他任何方式规避招标的，有关行政监督部门责令限期改正，可以处项目合同金额 <u>5‰～10‰</u>的罚款。

　　　　——**易混淆点**：3‰～5‰；5‰～15‰；10‰～15‰

采分点 15：《中华人民共和国招标投标法》规定，招标人以不合理的条件限制或者排斥潜在投标人的，对潜在投标人实行歧视待遇的，强制要求投标人组成联合体共同

投标的，或者限制投标人之间竞争的，责令改正，可以处 <u>1 万元～5 万元</u>的罚款。

——**易混淆点**：2 万元～8 万元；5 万元～10 万元

采分点 16：《中华人民共和国招标投标法》规定，依法必须进行招标的项目的招标人向他人<u>透露已获取招标文件的潜在投标人的名称、数量或者可能影响公平竞争的有关招标投标的其他情况的</u>，或者泄露标底的，给予警告，可以并处 1 万元以上 10 万元以下的罚款；对单位直接负责的主管人员和其他直接责任人员依法给予处分；构成犯罪的，依法追究刑事责任。

——**易混淆点**：转借招标资质证书；以营利为目的对招标文件收取非法所得

采分点 17：《中华人民共和国招标投标法》规定，投标人应当具备<u>承担招标项目的能力和招标文件规定的资格条件</u>。（2006 年考试涉及）

——**易混淆点**：良好的心理素质；丰富的临场指挥经验；承担风险的能力

采分点 18：《中华人民共和国招标投标法》第二十七条规定，招标项目属于建设施工的，投标文件的内容应当包括拟派出的项目负责人与主要技术人员的<u>简历、业绩和拟用于完成招标项目的机械设备等</u>。

——**易混淆点**：资质；中标后的利润回报率

采分点 19：《工程建设项目施工招标投标办法》第三十七条规定，招标人可以在招标文件中要求投标人提交投标保证金。投标保证金除现金外，可以是<u>银行保函、银行保兑支票、银行汇票和现金支票</u>。（2009 年考试涉及）

——**易混淆点**：企业连带责任保证书；担保单位的信用担保书

采分点 20：《工程建设项目施工招标投标办法》规定，投标保证金一般不得超过投标总价的<u>2%</u>，最高不得超过 <u>80 万元</u>人民币。

——**易混淆点**：0.5%，50 万元；1%，60 万元；1.5%，70 万元

采分点 21：《工程建设项目施工招标投标办法》规定，投标保证金有效期应当超出投标有效期<u>30 天</u>。

——**易混淆点**：10 天；15 天；20 天

采分点 22：《中华人民共和国招标投标法》第二十八条规定，当投标人少于 <u>3 个</u>时，招标人应当依法重新招标。

——**易混淆点**：4 个；5 个；6 个

采分点 23：《工程建设项目施工招标投标办法》规定，在招标文件要求提交投标文件的截止时间前，投标人<u>可以补充修改或者撤回已经提交的投标文件，并书面通知招标人</u>。（2010 年考试涉及）

——**易混淆点**：不得补充、修改、替代或者撤回已经提交的投标文件；必须经过招标人的同意才可以补充、修改或替代已经提交的投标文件

采分点 24：根据《中华人民共和国招标投标法》相关法规的规定，<u>投标人撤回投标文件</u>的，其投标保证金将被没收。

——**易混淆点**：投标人所投的标为废标

采分点 25：《中华人民共和国招标投标法》第三十一条规定，两个以上法人或者其他组织组成一个联合体，以一个投标人的身份共同投标是<u>联合投标</u>。

——**易混淆点**：共同投标；合作投标

采分点 26：《中华人民共和国招标投标法》第三十一条规定，两个以上法人或者其他组织组成联合体投标时，国家有关规定或者招标文件对投标人资格条件有规定的，联合体的资质应符合<u>各方均应具备规定的资质条件</u>。（2006 年考试涉及）

——**易混淆点**：各方的加总条件符合规定的资质条件即可；有一方具备规定的相应资质条件即可；主要一方具备相应的资质条件即可

采分点 27：《中华人民共和国招标投标法》第三十一条规定，由同一专业单位组成的联合体，<u>按照资质等级较低</u>的单位确定资质等级。

——**易混淆点**：资质等级较高；重新评定的资质等级

采分点 28：联合体中标者，联合体各方应当共同与招标人签订合同，就中标项目向招标人

承担连带责任。（2006、2005 年考试涉及）

——**易混淆点**：共同承担责任；按比例承担责任

采分点 29：甲、乙两家建筑公司联合投标某一工程，甲公司由于自身原因没有履行共同投标协议中应承担的义务，那么其违约责任的承担方式是<u>甲公司向乙公司承担违约责任</u>。

——**易混淆点**：甲乙两家公司共同承担违约责任；乙公司承担一部分连带责任；甲公司与乙公司协商承担违约责任

采分点 30：《中华人民共和国招标投标法》规定，如果联合体中的一个成员单位没能按照合同约定履行义务，招标人可以要求联合体中任何一个成员单位承担不超过总债务的任何比例的债务，该单位<u>不得拒绝，在承担后向其他成员单位追偿不应当承担的债务</u>。

——**易混淆点**：拒绝支付，申明该债务不应该由本单位支付的理由；拒绝支付，不需提出任何理由；不得拒绝，替未履行义务的单位承担本该由其承担的债务

采分点 31：《工程建设项目施工招标投标办法》规定，联合体各方签订共同投标协议后，<u>不得再以自己的名义单独投标，也不得组成新的联合体或参加其他联合体在同一项目中投标</u>。

——**易混淆点**：可以，可以；不得，但可以

采分点 32：《工程建设项目施工招标投标办法》规定，联合体参加资格预审并获得通过的，其组成的任何变化都必须在提交投标文件截止之日前征得招标人的同意。如果<u>变化后的联合体削弱了竞争</u>，含有事先未经过资格预审或者资格预审不合格的法人或者其他组织，或者使联合体的资质降到资格预审文件中规定的最低标准以下的，招标人有权拒绝。

——**易混淆点**：变化后的联合体加强了竞争

采分点 33：《工程建设项目施工招标投标办法》规定，联合体各方必须指定牵头人，并授权其代表所有联合体成员负责投标和合同实施阶段的<u>主办、协调工作</u>，并应当向招标人提交由所有联合体成员法定代表人签署的授权书。

　　——易混淆点：签约、审批；合同谈判

采分点 34：《工程建设项目施工招标投标办法》规定，投标联合体应当以<u>联合体各方及联合体中牵头人</u>的名义提交投标保证金。（2009 年考试涉及）

　　——易混淆点：联合体中资质低的一方；联合体中资质高的一方

采分点 35：《工程建设项目施工招标投标办法》规定，以联合体中牵头人的名义提交的投标保证金对<u>联合体各成员</u>都具有约束力。

　　——易混淆点：联合体的牵头人；支付保证金的成员；未支付保证金的成员

采分点 36：《中华人民共和国招标投标法》第三十二条和第三十三条规定，投标人不得实施以下不正当竞争行为：招标代理机构与招标人、投标人串通；以他人名义进行投标、骗取中标的；<u>对于依法必须进行招标的项目，招标人与投标人进行实质性谈判</u>；在评标委员会依法推荐的中标候选人以外确定中标人，上述行为均会导致中标无效。（2007 年考试涉及）

　　——易混淆点：招标人限制投标人之间的竞争

采分点 37：《工程建设项目施工招标投标办法》第四十六条规定，投标人相互串通投标报价的行为主要包括：<u>①投标人之间相互约定抬高或降低投标报价</u>；②投标人之间相互约定，在招标项目中分别以高、中、低价位报价；③投标人之间先进行内部竞价，内定中标人，然后再参加投标；④投标人之间其他串通投标报价行为。（2009 年考试涉及）

　　——易混淆点：投标人之间相互探听对方投标标价；招标人与投标人商定，投标时压低或抬高标价，中标后再给投标人或招标人额外补偿

采分点 38：《工程建设项目施工招标投标办法》第四十七条规定，招标人与投标人串通投标的行为主要包括：①招标人在开标前开启投标文件，并将投标情况告知其他投标人，或者协助投标人撤换投标文件，更改报价；②招标人向投标人泄露标底；<u>③招标人与投标人商定，投标时压低或抬高标价，中标后再给投标人或招标人额外补偿</u>；④招标人预先内定中标人；⑤其他串通投标行为。（2010 年考试涉及）

　　——易混淆点：投标人之间相互约定，在招标项目中分别以高、中、低价位报价

采分点 39:《中华人民共和国招标投标法》规定,投标人以行贿手段谋取中标的法律后果是<u>中标无效,有关责任人和单位应当承担相应的行政责任或刑事责任</u>,给他人造成损失的,还应当承担民事赔偿责任。

——**易混淆点:** 重新招标;吊销营业执照;降低资质等级

采分点 40:《中华人民共和国招标投标法》第三十三条规定,投标人以<u>低于成本</u>的报价竞标属于不正当竞争行为。

——**易混淆点:** 低于最低投标价;高于成本 10%以上

采分点 41:《工程建设项目施工招标投标办法》第四十八条规定,投标人以非法手段骗取中标的表现形式有:非法挂靠或借用其他企业的资质证书参加投标;<u>投标时递交假业绩证明或资格文件</u>;假冒法定代表人签名,递交假委托书。(2005 年考试涉及)

——**易混淆点:** 投标人以行贿手段谋取中标;招标人向投标人泄露标底

采分点 42: 投标人以他人名义投标或者以其他方式弄虚作假骗取中标的,可能构成<u>合同诈骗罪</u>。(2007 年考试涉及)

——**易混淆点:** 串通投标罪;侵犯商业秘密罪

采分点 43:《中华人民共和国招标投标法》规定,投标人相互串通投标或者与招标人串通投标的,投标人以向招标人或者评标委员会成员行贿的手段谋取中标的,中标无效,处中标项目金额 <u>5‰～10‰</u>的罚款,对单位直接负责的主管人员及其他直接责任人员处单位罚款数额 <u>5%～10%</u>的罚款。(2005 年考试涉及)

——**易混淆点:** 3‰～5‰,2%～4%;10‰～15‰,3%～6%

采分点 44:《中华人民共和国招标投标法》规定,投标人相互串通投标或者与招标人串通投标的,投标人以向招标人或者评标委员会成员行贿的手段谋取中标的,若情节严重,取消其 <u>1～2 年</u>内参加依法必须进行招标的项目的投标资格并予以公告,直至由工商行政管理机关吊销营业执照。(2005 年考试涉及)

——**易混淆点:** 2～3 年;3～5 年

采分点 45：《中华人民共和国招标投标法》规定，依法必须进行招标的项目的投标人以他人名义投标或者以其他方式弄虚作假骗取中标，尚未构成犯罪的，若情节严重，取消其 <u>1~3</u> 年内参加依法必须进行招标的项目的投标资格并予以公告，直至由工商行政管理机关吊销营业执照。

    ——**易混淆点**：1~2 年；3~4 年

采分点 46：《中华人民共和国招标投标法》规定，在工程建设招标投标过程中，开标的时间应在招标文件确定的<u>提交投标文件截止时间的同一时间</u>公开进行。（2010 年考试涉及）

    ——**易混淆点**：投标有效期内；提交投标文件截止时间之后三日内

采分点 47：《中华人民共和国招标投标法》规定，开标地点应当为<u>招标文件中预先确定的地点</u>。

    ——**易混淆点**：招投标双方确认的地点；建设行政主管部门指定的场所；投标人共同认可的地点

采分点 48：《中华人民共和国招标投标法》规定，开标应由<u>招标人</u>主持，邀请所有投标人参加。

    ——**易混淆点**：行政监督部门；招标代理机构

采分点 49：《中华人民共和国招标投标法》规定，开标时，由<u>投标人</u>或者其推选的代表检查投标文件的密封情况，也可以由招标人委托的公证机构检查并公证。经确认无误后，由工作人员当众拆封，宣读投标人名称、投标价格和投标的其他主要内容。（2005 年考试涉及）

    ——**易混淆点**：招标人；招标代理机构；招标监督管理部门

采分点 50：《工程建设项目施工招标投标办法》规定，投标文件<u>逾期送达的或者未送达指定地点</u>或未按招标文件要求密封的，招标人不予受理。

    ——**易混淆点**：投标截止时间前投标人递交了对原投标文件的修改文件；某分项工程未填报价

采分点 51：《中华人民共和国招标投标法》第三十七条规定，评标由招标人依法组建的评标委员会负责。

——**易混淆点**：建设单位的领导；建设单位的上级主管部门；当地的政府部门

采分点 52：《中华人民共和国招标投标法》第三十七条规定，依法必须进行招标的项目，其评标委员会由招标人的代表和有关技术、经济等方面的专家组成，成员人数为5人以上的单数。（2005 年考试涉及）

——**易混淆点**：4 人以上的双数

采分点 53：《中华人民共和国招标投标法》第三十七条规定，评标委员会成员中技术、经济等方面的专家不得少于成员总数的三分之二。（2005 年考试涉及）

——**易混淆点**：四分之三；五分之三；三分之一

采分点 54：《中华人民共和国招标投标法》规定，评标委员会成员的名单应当在中标结果确定前保密。

——**易混淆点**：在开标前向社会公布；在开标前向投标人公布；永久保密

采分点 55：根据《中华人民共和国招标投标法》和《评标委员会和评标方法暂行规定》的规定，技术、经济等方面的评标专家由招标人从国务院有关部门或者省、自治区、直辖市人民政府有关部门提供的专家名册或者招标代理机构专家库相关专业的专家名单中确定。

——**易混淆点**：招标人上级主管部门提供的专家名册；项目所在地人民政府推荐的专家名册

采分点 56：《中华人民共和国招标投标法》规定，一般招标项目可以采取随机抽取方式。

——**易混淆点**：招标人直接确定

采分点 57：《中华人民共和国招标投标法》规定，招标人应当保证评标在严格保密的情况下进行。

——**易混淆点**：公开公正

采分点 58：《工程建设项目施工招标投标办法》第五十条规定，应当作为废标处理的情形有：

①无单位盖章并无法定代表人或法定代表人授权的代理人签字或盖章的；②未按规定的格式填写，内容不全或关键字迹模糊、无法辨认的；③投标人递交两份或多份内容不同的投标文件，或在一份投标文件中对同一招标项目报有两个或多个报价，且未声明哪一个有效的，按招标文件规定提交备选投标方案的除外；④投标人名称或组织结构与资格预审时不一致的；⑤<u>未按招标文件要求提交投标保证金的</u>；⑥联合体投标未附有联合体各方共同投标协议的。（2009 年考试涉及）

　　——**易混淆点**：交纳投标保证金超过规定数额的；投标人在开标后修改补充投标文件的；无法定代表人盖章，只有单位盖章和法定代表人授权的代理人签字的

采分点 59：《中华人民共和国招标投标法》规定，评标委员会可以要求投标人对投标文件中含义不明确的内容进行必要的澄清或者说明，但是澄清或者说明不得超出投标文件的范围或者改变投标文件的<u>实质性</u>内容。

　　——**易混淆点**：合同文件的实质性；投标文件的任何

采分点 60：《工程建设项目施工招标投标办法》规定，评标委员会在对实质上响应招标文件要求的投标进行报价评估时，若用数字表示的数额与用文字表示的数额不一致时，以<u>文字数额</u>为准。

　　——**易混淆点**：数字数额；数字数额与文字数额孰低

采分点 61：《工程建设项目施工招标投标办法》规定，评标委员会在对实质上响应招标文件要求的投标进行报价评估时，若单价与工程量的乘积与总价之间不一致时，以<u>单价</u>为准。

　　——**易混淆点**：总价；招标人确认的金额

采分点 62：《工程建设项目施工招标投标办法》规定，评标委员会在对实质上响应招标文件要求的投标进行报价评估时，若单价有明显的小数点错位，<u>应以总价为准，并修改单价</u>。

　　——**易混淆点**：以总价为准，无须修改单价；以单价为准；以招标人确认的金额为准

采分点 63：评标报告应由评标委员会<u>全体成员</u>签字。

　　　　——**易混淆点：**2/3 以上成员；选定代表

采分点 64：评标委员会成员拒绝在评标报告上签字<u>且不陈述其不同意见和理由的</u>，视为<u>同意</u>评标结论。

　　　　——**易混淆点：**不同意；放弃

采分点 65：《工程建设项目施工招标投标办法》规定，评标委员会推荐的中标候选人应当限定在 <u>1～3 人</u>，并表明排列顺序。

　　　　——**易混淆点：**2～6 人；3～5 人；5～7 人

采分点 66：《中华人民共和国招标投标法》规定，中标人的投标应当符合的条件有：①能够最大限度地满足招标文件中规定的各项综合评价标准；②能够满足招标文件的实质性要求，并且经评审的<u>投标价格最低</u>。（2008 年考试涉及）

　　　　——**易混淆点：**投标价格低于成本

采分点 67：《中华人民共和国招标投标法》规定，评标委员会成员收受投标人的财物或者其他好处的，评标委员会成员或者参加评标的有关工作人员向他人透露对投标文件的评审和比较、中标候选人的推荐，以及与评标有关的其他情况的，给予警告，没收所收受的财物，可以并处 <u>3000 元以上 5 万元以下</u>的罚款。

　　　　——**易混淆点：**2000 元以上 3000 元以下

采分点 68：《中华人民共和国招标投标法》规定，评标委员会成员收受投标人的财物或者其他好处的，评标委员会成员或者参加评标的有关工作人员向他人透露对投标文件的评审和比较、中标候选人的推荐，以及与评标有关的其他情况的，对有所列违法行为的评标委员会成员<u>取消担任评标委员会成员的资格，不得再</u>参加任何依法必须进行招标的项目的评标。

　　　　——**易混淆点：**2 年内不得；3 年内不得

采分点 69：根据《中华人民共和国招标投标法》和《工程建设项目施工招标投标办法》的有关规定，书面评标报告做出后，中标人应由<u>招标人</u>确定。（2010 年考试涉及）

　　　　　——**易混淆点**：评标委员会；招标代理机构；招标投标管理机构

采分点 70：根据《中华人民共和国招标投标法》和《工程建设项目施工招标投标办法》的规定，评标委员会提出书面评标报告后，中标人应当在 15 日内确定，但最迟应当在投标有效期结束日 30 个工作日前确定。

　　　　　——**易混淆点**：7 日，20 个；20 日，35 个；10 日，45 个

采分点 71：《工程建设项目施工招标投标办法》规定，招标人可以接受评标委员会推荐的中标候选人或者授权评标委员会直接确定中标人。（2008 年考试涉及）

　　　　　——**易混淆点**：自行确定中标人

采分点 72：《工程建设项目施工招标投标办法》规定，使用国有资金投资或者国家融资的项目，招标人应当确定排名第一的中标候选人为中标人。但是，排名第一的中标候选人放弃中标项目、因不可抗力提出不能履行合同，或者招标文件规定应当提交履约保证金而在规定的期限内未能提交的，招标人可以确定排名第二的中标候选人为中标人。（2005 年考试涉及）

　　　　　——**易混淆点**：投标报价低于其企业成本价；与评标专家成员有利害关系

采分点 73：根据《中华人民共和国招标投标法》及《工程建设项目施工招标投标办法》的有关规定，中标人确定后，招标人应当向中标人发出中标通知书，并同时将中标结果通知所有未中标的投标人。

　　　　　——**易混淆点**：但无须

采分点 74：根据《中华人民共和国招标投标法》及《工程建设项目施工招标投标办法》的规定，中标通知书对招标人和投标人具有法律效力。

　　　　　——**易混淆点**：只对招标人具有法律效力；只对投标人具有法律效力

采分点 75：《中华人民共和国招标投标法》第四十六条规定，招标人和中标人应当自中标通知书发出之日起 30 日内，按照招标文件和中标人的投标文件订立书面合同。招标人和中标人不得再自行订立背离合同实质性内容的其他协议。

　　　　　——**易混淆点**：15 日；45 日；60 日

采分点 76:《工程建设项目施工招标投标办法》规定，招标人与中标人签订合同后 <u>5 个工作日</u>内，应当向未中标的投标人退还投标保证金。

————**易混淆点:** 10 个工作日；15 个工作日

采分点 77:《中华人民共和国招标投标法》规定，依法必须进行招标的项目，招标人应当自确定中标人之日起 <u>15 日</u>内，向有关行政监督部门提交招标投标情况书面报告。

————**易混淆点:** 20 日；25 日

采分点 78:《中华人民共和国招标投标法》规定，招标人在评标委员会依法推荐的中标候选人以外确定中标人的，依法必须进行招标的项目在所有投标被评标委员会否决后自行确定中标人的，中标无效。责令改正，可以处中标项目金额 <u>5‰～10‰</u> 的罚款；对单位直接负责的主管人员和其他直接责任人员依法给予处分。

————**易混淆点:** 3‰～5‰；5‰～15‰；10‰～15‰

采分点 79:《中华人民共和国招标投标法》第五十九条规定，招标人与中标人不按照招标文件和中标人的投标文件订立合同的，或者招标人和中标人订立背离合同实质性内容的协议的，<u>应责令改正</u>；可以处中标项目金额 5‰～10‰的罚款。

————**易混淆点:** 降低中标人资质等级；吊销资质证书

采分点 80:《中华人民共和国招标投标法》规定，招标程序的顺序依次为：<u>成立招标组织、编制招标文件和标底、发布招标公告、签收投标文件</u>。（2005 年考试涉及）

————**易混淆点:** 成立招标组织、签收投标文件、编制招标文件和标底、发布招标公告；成立招标组织、签收投标文件、发布招标公告、编制招标文件和标底

采分点 81:《工程建设项目施工招标投标办法》规定，依法必须招标的工程建设项目，进行施工招标应当具备的条件有：①招标人已经依法成立；②初步设计及概算应当履行审批手续的，已经批准；③招标范围、招标方式和招标组织形式等应当履行核准手续的，已经核准；④有相应资金或者资金来源已经落实；⑤<u>有招标所需的设计图纸及技术资料</u>。

————**易混淆点:** 施工图设计已经批准

采分点 82：招标方式可分为<u>公开招标和邀请招标</u>。（2006 年考试涉及）

　　——**易混淆点**：直接招标；间接招标；混同招标

采分点 83：<u>公开招标</u>是指招标人以招标公告的方式邀请不特定的法人或者组织来投标。（2009 年考试涉及）

　　——**易混淆点**：邀请招标；议标；不定向招标

采分点 84：《中华人民共和国招标投标法》规定，招标人采用公开招标方式的，应当发布招标公告。依法必须进行招标项目的招标公告，应当通过<u>国家指定</u>的报刊、信息网络或者其他媒介公布。

　　——**易混淆点**：当地政府指定；监理机构指定

采分点 85：邀请招标，也称<u>有限竞争招标</u>，是指招标人以投标邀请书的方式邀请特定的法人或者其他组织投标。

　　——**易混淆点**：无限竞争招标

采分点 86：公开招标和邀请招标在招标程序上的差异为<u>是否进行资格预审</u>。

　　——**易混淆点**：是否组织现场考察；是否解答投标单位的质疑

采分点 87：对于应当公开招标的施工招标项目，经批准可以进行邀请招标的情形有：①项目技术复杂或有特殊要求，<u>只有少量几家潜在投标人可供选择</u>的；②受自然地域环境限制的；③涉及国家安全、国家秘密或者抢险救灾，适宜招标但不宜公开招标的；④拟公开招标的费用与项目的价值相比，不值得的；⑤法律及法规规定不宜公开招标的。

　　——**易混淆点**：潜在投标人数量太多不易选择的

采分点 88：《中华人民共和国招标投标法》规定，招标人采用邀请招标方式的，应当向<u>3 个以上</u>具备承担招标项目的能力、资信良好的特定的法人或者其他组织发出投标邀请书。

　　——**易混淆点**：两个以上

采分点 89：招标公告或者投标邀请书应当载明的内容有：招标人的名称和地址、招标项目的性质、数量、实施地点和时间，以及获取招标文件的办法等事项。

——**易混淆点**：对投标人的信誉与业绩要求；对参与项目管理的项目经理及项目管理人员的要求

采分点 90：资格审查可分为资格预审和资格后审。

——**易混淆点**：资格初审、资格复审和资格终审

采分点 91：《工程建设项目施工招标投标办法》规定，采取资格预审的，招标人可以发布资格预审公告，资格预审公告适用有关招标公告的规定。招标人应当在资格预审文件中载明资格预审的条件、标准和方法。（2008 年考试涉及）

——**易混淆点**：审查目的

采分点 92：资格后审是指在开标后对投标人进行的资格审查。

——**易混淆点**：签订合同；出现争议

采分点 93：《工程建设项目施工招标投标办法》第十五条规定，招标人应当按招标公告或者投标邀请书规定的时间及地点出售招标文件。自招标文件出售之日起至停止出售之日止，最短不得少于5 个工作日。

——**易混淆点**：3 个工作日；5 天

采分点 94：《中华人民共和国招标投标法》第十九条规定，招标人应当根据招标项目的特点和需要编制招标文件。招标文件应当包括招标项目的技术要求、对投标人资格审查的标准、投标报价要求和评标标准等所有实质性要求和条件，以及拟签订合同的主要条款。

——**易混淆点**：计划施工工期；招标代理的条件

采分点 95：《工程建设项目施工招标投标办法》第二十六条规定，招标文件中规定的各项技术标准均不得要求或标明某一特定的专利、商标、名称、设计、原产地或生产供应者，不得含有倾向或者排斥潜在投标人的其他内容。

——**易混淆点**：标准制定机构；性能要求

采分点 96：《工程建设项目施工招标投标办法》第三十条规定，施工招标项目工期超过 12 个月的，招标文件中可以规定工程造价指数体系、价格调整因素和调整方法。

——**易混淆点**：少于 12 个月

采分点 97：《工程建设项目施工招标投标办法》规定，一个工程只能编制一个标底。

——**易混淆点**：可以编制两个

采分点 98：《中华人民共和国招标投标法》第二十三条规定，招标人对已发出的招标文件进行必要的澄清或者修改的，应当在招标文件要求提交投标文件截止时间至少 15 日前，以书面形式通知所有招标文件收受人。（2009 年考试涉及）

——**易混淆点**：10 日；20 日；25 日

采分点 99：《中华人民共和国招标投标法》第二十四条规定，招标人应当确定投标人编制投标文件所需的合理时间；但是，依法必须进行招标的项目，自招标文件开始发出之日起至投标人提交投标文件截止之日止，最短不得少于 20 日。

——**易混淆点**：10 日；15 日；25 日

采分点 100：《工程建设项目施工招标投标办法》第二十九条规定，招标文件应当规定一个适当的投标有效期，以保证招标人有足够的时间完成评标和与中标人签订合同。投标有效期从投标人提交投标文件截止之日起计算。

——**易混淆点**：招标人确定评标之日；招标人接到招标文件之日；投标文件发出之日

采分点 101：《工程建设项目施工招标投标办法》规定，在原投标有效期结束前，出现特殊情况的，招标人可以书面形式要求所有投标人延长投标有效期。

——**易混淆点**：口头形式

采分点 102：《工程建设项目施工招标投标办法》规定，招标人通知投标人延长投标有效期时，若投标人拒绝延长，其投标失效，投标人有权收回其投标保证金。

——**易混淆点**：无权

采分点 103： 招标组织形式包括<u>自行招标和委托招标</u>。

    ——**易混淆点：** 邀请招标；公开招标

采分点 104： 《中华人民共和国招标投标法》规定，招标人有权<u>自行选择</u>招标代理机构，委托其办理招标事宜。

    ——**易混淆点：** 接受指定的

采分点 105： 《中华人民共和国招标投标法》规定，招标人<u>具有编制招标文件和组织评标能力</u>时，可以自行办理招标事宜。

    ——**易混淆点：** 有自己的评标专家库；经招标代理机构批准；向有关行政监督部门备案

采分点 106： 《中华人民共和国招标投标法》规定，建设工程招标代理机构应当具备的条件有：①<u>有从事招标代理业务的营业场所和相应资金</u>；②有能够编制招标文件和组织评标的相应专业力量；③有符合可以作为评标委员会成员人选的技术、经济等方面的专家库。

    ——**易混淆点：** 具有法人资格

采分点 107： 《工程建设项目施工招标投标办法》第二十二条规定，招标代理机构可以在其资格等级范围内承担的招标事宜有：①拟订招标方案，编制和出售招标文件、资格预审文件；②审查投标人资格；③编制标底；④组织投标人踏勘现场；⑤组织开标、评标，协助招标人定标；⑥草拟合同；⑦招标人委托的其他事项。（2010 年考试涉及）

    ——**易混淆点：** 进行评标、定标

采分点 108： 从事工程招标代理业务的机构，应当依法取得<u>国务院建设主管部门或者省、自治区、直辖市人民政府建设主管部门</u>认定的<u>工程招标代理机构资格</u>，并在其资格许可的范围内从事相应的工程招标代理业务。

    ——**易混淆点：** 建筑单位主管部门

采分点 109： 工程招标代理机构资格可分为<u>甲级、乙级和暂定级</u>。

——易混淆点：甲级、乙级和丙级；甲级、乙级和预甲级

采分点 110：《工程建设项目招标代理机构资格认定办法》规定，乙级工程招标代理机构可以承担工程总投资在 <u>1 亿元</u>人民币以下的工程招标代理业务。

    ——**易混淆点**：2 亿元；3 亿元

采分点 111：《工程建设项目招标代理机构资格认定办法》规定，暂定级工程招标代理机构可以承担工程总投资在 <u>6000 万元</u>人民币以下的工程招标代理业务。

    ——**易混淆点**：8000 万元；1 亿元

采分点 112：工程招标代理机构在工程招标代理活动中的行为应符合限制性规定，其在工程招标代理活动中<u>不得涂改、倒卖、出租、出借或者以其他形式非法转让工程招标代理资格证书</u>。

    ——**易混淆点**：经招标人书面同意，转让工程招标代理业务

采分点 113：《中华人民共和国招标投标法》规定，招标代理机构违反本法规定，泄露应当保密的与招标投标活动有关的情况和资料的，或者与招标人、投标人串通损害国家利益、社会公共利益或者他人合法权益的，处以 <u>5～25 万元</u>的罚款，对单位直接负责的主管人员和其他直接责任人员处单位罚款数额 <u>5%～10%</u> 的罚款。

    ——**易混淆点**：2～5 万元，3%～5%

第 **8** 章

安全生产法（2Z201080）

【重点提示】

【采分点精粹】

采分点 1：《中华人民共和国安全生产法》由中华人民共和国第九届全国人民代表大会常务委员会第二十八次会议于 2002 年 6 月 29 日通过，自 2002 年 11 月 1 日起施行。

　　——**易混淆点：**2002 年 12 月 1 日；2003 年 1 月 1 日

采分点 2：《中华人民共和国安全生产法》的立法目的在于为了加强安全生产监督管理，防止和减少生产安全事故，保障人民群众生命和财产安全，促进经济发展。

　　——**易混淆点：**火灾、交通事故；重大、特大事故

采分点 3：《中华人民共和国安全生产法》包括 7 章，共 99 条。对生产经营单位的安全生产保障、从业人员的权利和义务、安全生产的监督管理、生产安全事故的应急救援与调查处理 4 个主要方面做出了规定。

　　——**易混淆点：**5 章，共 86 条；9 章，共 103 条

采分点 4：《中华人民共和国安全生产法》中所规定的生产经营单位安全生产保障措施包括：组织保障措施、管理保障措施、经济保障措施和技术保障措施。

　　——**易混淆点：**环境保障措施；社会保障措施

采分点 5：《中华人民共和国安全生产法》规定，矿山、建筑施工单位和危险物品的生产、经营和储存单位，应当设置安全生产管理机构或者配备专职安全生产管理人员。

——**易混淆点**：安全生产监督机构，专职安全生产监督人员

采分点 6：《中华人民共和国安全生产法》规定，除矿山、建筑施工单位和危险物品的生产、经营及储存单位之外的生产经营单位，当其从业人员超过 300 人时，应当设置安全生产管理机构或者配备专职安全生产管理人员。

——**易混淆点**：100 人；200 人

采分点 7：《中华人民共和国安全生产法》规定，当企业从业人员在 300 人以下时，水泥生产企业可以通过委托具有国家规定的相关专业技术人员提供安全生产管理服务。

——**易混淆点**：矿山企业；建筑施工企业；危险物品生产企业

采分点 8：生产经营单位的主要负责人对本单位安全生产工作承担的职责有：①建立、健全本单位安全生产责任制；②组织制定本单位安全生产规章制度和操作规程；③保证本单位安全生产投入的有效实施；④督促、检查本单位的安全生产工作，及时消除生产安全事故隐患；⑤组织制定并实施本单位的生产安全事故应急救援预案；⑥及时、如实报告生产安全事故。

——**易混淆点**：对安全生产状况进行经常性检查

采分点 9：《中华人民共和国安全生产法》第四十二条规定，生产经营单位发生重大生产安全事故时，单位的主要负责人应当立即组织抢救，并不得在事故调查处理期间擅离职守。

——**易混淆点**：单位的安全生产管理人员；各地煤矿安全监察局的有关人员

采分点 10：《中华人民共和国安全生产法》规定，生产经营单位的安全生产管理人员应当根据本单位的生产经营特点，对安全生产状况进行经常性检查；对检查中发现的安全问题，应该立即处理。检查及处理情况应当记录在案。

——**易混淆点**：组织制定本单位安全生产规章制度和操作规程；组织制定并实施本单位的生产安全事故应急救援预案

采分点 11：《中华人民共和国安全生产法》规定，矿山建设项目和用于生产、储存危险物品的建设项目在竣工投入生产或者使用前，必须依照有关法律和行政法规的规定，经安全设施验收合格后，方可投入生产和使用。

  ——**易混淆点：**取得安全使用证；监理检验合格；设置安全标志

采分点 12：《中华人民共和国安全生产法》规定，生产经营单位使用的涉及生命安全、危险性较大的特种设备，以及危险物品的容器和运输工具，必须按照国家有关规定，由专业生产单位生产，并经取得专业资质的检测、检验机构检测、检验合格，取得安全使用证或者安全标志后，方可投入使用。（2005 年考试涉及）

  ——**易混淆点：**报安全生产监督管理部门批准；申请安全使用证；建立专门安全管理制度，定期检测评估

采分点 13：《中华人民共和国安全生产法》规定，涉及生命安全、危险性较大的特种设备的目录由国务院负责特种设备安全监督管理的部门制定，报国务院批准后执行。

  ——**易混淆点：**省、自治区、直辖市人民政府；地级市人民政府

采分点 14：《中华人民共和国安全生产法》规定，危险物品的生产、经营和储存单位，以及矿山、建筑施工单位的主要负责人和安全生产管理人员，应当由有关主管部门对其安全生产知识及管理能力考核合格后方可任职。（2009 年考试涉及）

  ——**易混淆点：**安全监察部门；行业协会

采分点 15：《中华人民共和国安全生产法》规定，未经安全生产教育和培训合格的从业人员，不得上岗作业。

  ——**易混淆点：**岗前"三级"培训；签订劳动合同

采分点 16：《中华人民共和国安全生产法》规定，生产经营单位的特种作业人员必须按照国家有关规定，经专门的安全作业培训，取得特种作业操作资格证书后，方可上岗作业。

  ——**易混淆点：**许可；安全

采分点 17：《中华人民共和国安全生产法》规定，生产经营单位应当在有较大危险因素的生产经营场所和有关设施、设备上，设置明显的<u>安全警示标志</u>。

——**易混淆点**：提醒标志；提示语

采分点 18：《中华人民共和国安全生产法》规定，安全设备的设计、制造、安装、使用、检测、维修、改造和报废，应当符合国家标准或者<u>行业标准</u>。

——**易混淆点**：地方标准；企业标准

采分点 19：《中华人民共和国安全生产法》规定，生产经营单位必须对安全设备进行经常性地维护和保养，并定期检测，以保证其正常运转。这一规定属于安全生产保障措施中的<u>管理保障措施</u>。（2010 年考试涉及）

——**易混淆点**：组织保障措施；经济保障措施；技术保障措施

采分点 20：《中华人民共和国安全生产法》规定，国家对严重危及生产安全的工艺和设备实行<u>淘汰</u>制度。

——**易混淆点**：维修重新利用；改造重新利用

采分点 21：《中华人民共和国安全生产法》规定，生产经营单位应当具备的安全生产条件所必需的资金投入，<u>由生产经营单位的决策机构、主要负责人和个人经营的投资人</u>予以保证，并对由于安全生产所必需的资金投入不足导致的后果承担责任。（2009 年考试涉及）

——**易混淆点**：公司工会

采分点 22：《中华人民共和国安全生产法》规定，生产经营单位新建、改建及扩建工程项目的安全设施，必须与主体工程同时设计、同时施工、同时投入生产和使用。安全设施投资应当纳入<u>建设项目概算</u>。

——**易混淆点**：企业年度预算；经营成本；生产成本

采分点 23：《中华人民共和国安全生产法》规定，生产经营单位采用新工艺、新技术、新材料或者使用新设备，必须了解并掌握其安全技术特性，采取有效安全防护的措施，并对从业人员进行<u>专门的</u>安全生产教育和培训。

——**易混淆点**：必要的；有效的；正规的

采分点 24：《中华人民共和国安全生产法》规定，矿山建设项目和用于生产、储存危险物品的建设项目，应当分别按照国家有关规定进行<u>安全条件论证和安全评价</u>。

　　　　——**易混淆点**：资格论证；审核；验收

采分点 25：《中华人民共和国安全生产法》规定，生产、经营、运输、储存和使用危险物品或者处置废弃危险物品的，由有关主管部门依照有关法律、法规的规定和<u>国家标准、行业标准</u>审批并实施监督管理。

　　　　——**易混淆点**：企业标准；地方标准

采分点 26：《中华人民共和国安全生产法》规定，生产经营单位应当按照国家有关规定将本单位重大危险源及有关安全措施和应急措施报有关地方人民政府<u>负责安全生产监督管理的部门</u>和有关部门备案。

　　　　——**易混淆点**：公安部门；危险源管理部门；劳动部门

采分点 27：《中华人民共和国安全生产法》规定，生产、经营、储存和使用危险物品的车间、商店、仓库与员工宿舍<u>不得在同一座建筑物内，并应当保持安全距离</u>。

　　　　——**易混淆点**：可以在同一座建筑物内，但必须保持安全距离；可以在同一座建筑物内，但禁止封闭、堵塞生产经营场所或者员工宿舍的出口；只要不在同一座建筑物内即可

采分点 28：若生活区尚未建成，可以将施工人员暂时安排在下图<u>办公区④</u>中居住。（2008年考试涉及）

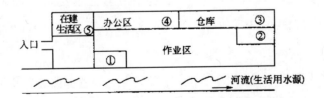

　　　　——**易混淆点**：作业区①；作业区②；仓库③

采分点 29：《中华人民共和国安全生产法》规定，生产经营场所和员工宿舍应当设有符合紧

急疏散要求、标志明显、保持畅通的出口。

——**易混淆点**：视需要封闭若干出口

采分点 30：《中华人民共和国安全生产法》规定，生产经营单位应当教育和督促从业人员严格执行本单位的安全生产规章制度和安全操作规程，并向从业人员如实告知作业场所和工作岗位存在的危险因素、防范措施，以及事故应急措施。

——**易混淆点**：责任制；注意事项；管理目标

采分点 31：《中华人民共和国安全生产法》第八十条规定，工程建设单位的决策机构、主要负责人或个人经营的投资人不依照本法规定保证安全生产所必需的资金投入，致使工程建设单位不具备安全生产条件的，应责令限期改正，提供必需的资金；逾期未改正的，责令工程建设单位停产停业整顿。

——**易混淆点**：提出警告，并处以罚款；提出警告，并限期改正

采分点 32：《中华人民共和国安全生产法》规定，生产经营单位的决策机构或主要负责人不依照本法规定保证安全生产所必需的资金投入，致使生产经营单位不具备安全生产条件，导致发生生产安全事故，但尚不构成刑事处罚的，对生产经营单位的主要负责人给予撤职处分。

——**易混淆点**：警告；罚款；降级

采分点 33：《中华人民共和国安全生产法》规定，生产经营单位的决策机构、主要负责人或个人经营的投资人不依照本法规定保证安全生产所必需的资金投入，致使生产经营单位不具备安全生产条件，导致发生生产安全事故，但尚不构成刑事处罚的，对个人经营的投资人处 2 万元以上 20 万元以下的罚款。

——**易混淆点**：1 万元以上 5 万元以下；5 万元以上 10 万元以下

采分点 34：《中华人民共和国安全生产法》规定，生产经营单位的主要负责人未履行本法规定的安全生产管理职责的，应责令限期改正；逾期未改正的，责令生产经营单位停产停业整顿。

——**易混淆点**：给予罚款处理；给予撤职处分

采分点 35：《中华人民共和国安全生产法》规定，生产经营单位的主要负责人未履行本法规定的安全生产管理职责，导致发生生产安全事故，构成犯罪的，<u>应追究刑事责任</u>。

——**易混淆点**：给予罚款处分；追究民事赔偿责任

采分点 36：《中华人民共和国安全生产法》规定，生产经营单位的主要负责人未履行本法规定的安全生产管理职责，导致发生生产安全事故，尚不构成刑事处罚的，可给予<u>撤职、罚款</u>的处分。

——**易混淆点**：警告；降职；撤职

采分点 37：《中华人民共和国安全生产法》规定，生产经营单位的主要负责人未履行安全生产管理职责，导致发生生产安全事故，受刑事处罚或者撤职处分的，自刑罚执行完毕或者受处分之日起，<u>5 年</u>内不得担任任何生产经营单位的主要负责人。

——**易混淆点**：6 年；7 年；8 年

采分点 38：《中华人民共和国安全生产法》规定，生产经营单位未依法对从业人员进行安全生产教育和培训，或者未依法如实告知从业人员有关的安全生产事项的，应责令限期改正；逾期未改正的，应责令停产停业整顿，可以并处<u>2 万元以下</u>的罚款。

——**易混淆点**：3 万元以下；4 万元以下；2 万元以上 5 万元以下

采分点 39：《中华人民共和国安全生产法》规定，生产经营单位未为从业人员提供符合国家标准或者行业标准的劳动防护用品的，应责令限期改正；逾期未改正的，责令停止建设或者停产停业整顿，可以并处<u>5 万元以下</u>的罚款；造成严重后果，构成犯罪的，依照刑法有关规定追究刑事责任。

——**易混淆点**：5 万元以上 10 万元以下；15 万元以下

采分点 40：《中华人民共和国安全生产法》规定，生产经营单位未经依法批准，擅自生产、经营和储存危险物品的，责令停止违法行为或者予以关闭，没收违法所得，违法所得 10 万元以上的，<u>并处违法所得 1 倍以上 5 倍以下</u>的罚款。

——**易混淆点**：违法所得 30%以上 60%以下；1 万元以上 3 万元以下

采分点 41：《中华人民共和国安全生产法》规定，生产经营单位未经依法批准，擅自生产、经营和储存危险物品的，责令停止违法行为或者予以关闭，没收违法所得，没有违法所得或者违法所得不足 10 万元的，单处或者并处 <u>2 万元以上 10 万元以下</u> 的罚款；造成严重后果，构成犯罪的，依照刑法有关规定追究刑事责任。

  ——**易混淆点**：违法所得 30% 以上 60% 以下；1 万元以上 2 万元以下

采分点 42：《中华人民共和国安全生产法》规定，生产经营单位进行爆破、吊装等危险作业，<u>未安排专门管理人员进行现场安全管理的</u>，应责令限期改正；逾期未改正的，责令停产停业整顿，可以并处 2 万元以上 10 万元以下的罚款；造成严重后果，构成犯罪的，依照刑法有关规定追究刑事责任。

  ——**易混淆点**：未对安全设备进行经常性维护的

采分点 43：《中华人民共和国安全生产法》规定，生产经营单位将生产经营项目、场所和设备发包或者出租给不具备安全生产条件或者相应资质的单位或者个人的，应<u>责令限期改正，没收违法所得，并处以罚款</u>。

  ——**易混淆点**：吊销该生产经营单位的营业执照

采分点 44：《中华人民共和国安全生产法》规定，生产经营单位将生产经营项目、场所和设备发包或者出租给不具备安全生产条件或者相应资质的单位或者个人，导致发生生产安全事故给他人造成损害的，<u>生产经营单位与承包方、承租方承担连带赔偿责任</u>。

  ——**易混淆点**：生产经营单位承担全部责任；承包方、承租方承担全部责任

采分点 45：《中华人民共和国安全生产法》规定，生产经营单位未与承包单位、承租单位签订专门的安全生产管理协议或者未在承包合同或租赁合同中明确各自的安全生产管理职责，或者未对承包单位、承租单位的安全生产统一协调管理的，责令限期改正；逾期未改正的，<u>责令停产停业整顿</u>。

  ——**易混淆点**：处以罚款；吊销营业执照

采分点 46：《中华人民共和国安全生产法》规定，两个以上生产经营单位在同一作业区域内进行可能危及对方安全生产的生产经营活动，未签订安全生产管理协议或者未

指定专职安全生产管理人员进行安全检查与协调的，责令限期改正；逾期未改正的，<u>责令停产停业</u>。

——**易混淆点**：处以罚款；吊销营业执照

采分点 47：安全生产从业人员的权利包括：<u>知情权，批评权和检举、控告权，拒绝权，紧急避险权，请求赔偿权，获得劳动防护用品的权利，获得安全生产教育和培训的权利</u>。（2005 年考试涉及）

——**易混淆点**：调查处理权；危险报告权

采分点 48：安全生产从业人员的知情权是指生产经营单位的从业人员有权<u>了解其作业场所和工作岗位存在的危险因素、防范措施及事故应急措施</u>，有权对本单位的安全生产工作提出建议。（2006、2005 年考试涉及）

——**易混淆点**：掌握本职工作所需的安全生产知识，增强事故预防和应急处理能力；获得符合国家标准或者行业标准的劳动防护用品；熟悉有关安全生产规章制度和安全操作规程，掌握本岗位安全操作技能

采分点 49：当发现直接危及人身安全的紧急情况时，安全生产从业人员有权停止作业或者在采取可能的应急措施后撤离作业场所，体现的权利是<u>紧急避险权</u>。（2008、2005 年考试涉及）

——**易混淆点**：拒绝权；知情权；自我保护权

采分点 50：《中华人民共和国安全生产法》规定，生产经营单位必须依法参加工伤社会保险，为从业人员缴纳<u>保险费</u>。

——**易混淆点**：管理费；个人所得税

采分点 51：《中华人民共和国安全生产法》规定，发生生产安全事故后，受到损害的从业人员应首先<u>按照劳动合同和工伤社会保险合同的约定，享有请求相应赔偿的权利</u>。

——**易混淆点**：依照有关民事法律的规定，向其所在的生产经营单位提出赔偿要求

采分点 52：《中华人民共和国安全生产法》规定，生产经营单位必须为从业人员提供符合国家标准或者<u>行业</u>标准的劳动防护用品，并监督和教育从业人员按照使用规则佩戴、使用。

　　——**易混淆点**：当地；企业

采分点 53：《中华人民共和国安全生产法》规定，生产经营单位应当对从业人员进行安全生产教育和培训，保证从业人员具备必要的安全生产知识，<u>熟悉</u>有关的安全生产规章制度和安全操作规程，<u>掌握</u>本岗位的安全操作技能。

　　——**易混淆点**：掌握，熟悉；了解，掌握

采分点 54：安全生产从业人员在安全生产中的义务包括：<u>自律遵规、自觉学习安全生产知识和危险报告</u>。

　　——**易混淆点**：检举安全生产加工存在的问题；批评安全生产中的违章指挥

采分点 55：《中华人民共和国安全生产法》规定，从业人员应当接受安全生产教育和培训，掌握本职工作所需的安全生产知识，提高安全生产技能，增强事故预防和<u>应急处理</u>能力。

　　——**易混淆点**：协调管理；沟通管理

采分点 56：《中华人民共和国安全生产法》规定，安全生产中的从业人员如果发现事故隐患或其他不安全因素，应当立即向<u>现场安全生产管理人员或本单位负责人</u>报告。

　　——**易混淆点**：安全生产部门；国家安全生产监管部门

采分点 57：《中华人民共和国安全生产法》规定，若生产经营单位与从业人员订立协议，免除或者减轻其对从业人员因生产安全事故伤亡依法应承担的责任的，则该协议<u>无效</u>。

　　——**易混淆点**：经备案后生效；视具体情况而定是否生效

采分点 58：《中华人民共和国安全生产法》规定，生产经营单位与从业人员订立协议，免除或者减轻其对从业人员因生产安全事故伤亡依法应承担的责任的，应对

生产经营单位的主要负责人、个人经营的投资人处 <u>2 万元以上 10 万元以下</u> 的罚款。

——**易混淆点**：2 万元以下；10 万元以上 15 万元以下

采分点 59：《生产安全事故报告和调查处理条例》根据生产安全事故造成的人员伤亡或者直接经济损失，将生产安全事故分为：<u>特别重大事故、重大事故、较大事故和一般事故</u>。

——**易混淆点**：重大责任事故；工程重大安全事故

采分点 60：在生产安全事故的分类中，特别重大事故是指造成 <u>30 人以上死亡</u>，或者 <u>100 人以上重伤</u>（包括急性工业中毒），或者 <u>1 亿元以上</u>直接经济损失的事故。

——**易混淆点**：10 人，50 人，8000 万元；5 人，30 人，5000 万元

采分点 61：施工单位违反施工程序，导致一座 13 层在建楼房倒塌，致使 1 名工人死亡，直接经济损失达 7000 余万元人民币，根据《生产安全事故报告和调查处理条例》的规定，该事件应属于<u>重大</u>事故。（2009 年考试涉及）

——**易混淆点**：特别重大；较大；一般

采分点 62：某工地发生了安全事故，造成 5 人死亡，按照《生产安全事故报告和调查处理条例》的规定，该事故应属于<u>较大</u>事故。（2010 年考试涉及）

——**易混淆点**：特别重大；重大；一般

采分点 63：《中华人民共和国安全生产法》第六十八条规定，县级以上地方各级人民政府应当组织有关部门制定本行政区域内<u>特大生产安全事故</u>应急救援体系，建立应急救援体系。

——**易混淆点**：重大生产安全事故；较大生产安全事故；一般生产安全事故

采分点 64：《中华人民共和国安全生产法》第六十九条规定，建筑施工单位应当建立应急救援组织；若生产经营规模较小，可以不建立应急救援组织的，应当<u>指定兼职的应急救援人员</u>。

——**易混淆点**：指定专职的应急救援人员；配备应急救援器材及设备

采分点 65:《中华人民共和国安全生产法》第六十九条规定，危险物品的生产、经营、储存单位，以及矿山、建筑施工单位应当配备必要的<u>应急救援器材及设备</u>，并进行经常性地维护和保养，以保证正常运转。

    ——**易混淆点：**急救；消防

采分点 66:《中华人民共和国安全生产法》第七十条规定，生产经营单位发生生产安全事故后，事故现场有关人员应当立即报告<u>本单位负责人</u>。

    ——**易混淆点：**本单位安全管理人员；当地安全生产监督管理部门

采分点 67:《建设工程安全生产管理条例》第五十条规定，实行施工总承包的建设工程发生生产安全事故后，应由<u>总承包单位</u>负责向当地安全生产监督管理部门上报事故。（2008 年考试涉及）

    ——**易混淆点：**建设单位；监理公司

采分点 68:《中华人民共和国安全生产法》第七十二条规定，在应急救援时，有关地方人民政府和负有安全生产监督管理职责的部门的负责人接到重大生产安全事故的报告后，应当立即<u>赶赴现场，组织抢救</u>。

    ——**易混淆点：**咨询有关专家；报告上级领导，等候指示；对有关违章人员进行处罚

采分点 69:《生产安全事故报告和调查处理条例》规定，安全事故发生后，事故现场有关人员应当立即向本单位负责人报告；单位负责人接到报告后，应当于 <u>1 小时</u>内向事故发生地县级以上人民政府安全生产监督管理部门和负有安全生产监督管理职责的有关部门报告。

    ——**易混淆点：**2 小时；6 小时

采分点 70:《生产安全事故报告和调查处理条例》规定，<u>特别重大事故和重大事故</u>应逐级上报至国务院安全生产监督管理部门和负有安全生产监督管理职责的有关部门。

    ——**易混淆点：**较大事故；一般事故

采分点 71:《生产安全事故报告和调查处理条例》规定，较大事故应逐级上报至<u>省、自治区、</u>

直辖市人民政府安全生产监督管理部门和负有安全生产监督管理职责的有关部门。

——**易混淆点**：国务院；设区的市级人民政府

采分点 72：《生产安全事故报告和调查处理条例》规定，一般事故应上报至设区的市级人民政府安全生产监督管理部门和负有安全生产监督管理职责的有关部门。

——**易混淆点**：省、自治区、直辖市人民政府；国务院

采分点 73：《生产安全事故报告和调查处理条例》规定，安全生产监督管理部门和负有安全生产监督管理职责的有关部门应该逐级上报事故情况，每级上报的时间不得超过 2 小时。

——**易混淆点**：30 分钟；40 分钟；1 小时

采分点 74：报告事故应当包括的内容有：①事故发生单位概况；②事故发生的时间、地点，以及事故现场情况；③事故的简要经过；④事故已经造成或者可能造成的伤亡人数（包括下落不明的人数）和初步估计的直接经济损失；⑤已经采取的措施；⑥其他应当报告的情况。

——**易混淆点**：事故性质和事故责任的认定

采分点 75：《生产安全事故报告和调查处理条例》规定，事故报告后出现新情况的，应当及时补报。自事故发生之日起 30 日内，事故造成的伤亡人数发生变化的，应当及时补报。

——**易混淆点**：40 日；45 日；50 日

采分点 76：《生产安全事故报告和调查处理条例》规定，道路交通事故或火灾事故自发生之日起 7 日内，事故造成的伤亡人数发生变化的，应当及时补报。

——**易混淆点**：10 日；15 日；20 日

采分点 77：《生产安全事故报告和调查处理条例》规定，事故发生单位负责人接到事故报告后，应当立即启动事故相应的应急预案，或者采取有效措施组织抢救，防止事故扩大，减少人员伤亡和财产损失。

——易混淆点：安全生产监督管理部门负责人；负有安全生产监督管理职责有关部门的负责人

采分点 78：《生产安全事故报告和调查处理条例》规定，事故发生地有关地方人民政府、安全生产监督管理部门和负有安全生产监督管理职责的有关部门接到事故报告后，<u>其负责人</u>应当立即赶赴事故现场，组织事故救援。

——易混淆点：其工作人员；其负责人代表

采分点 79：安全生产责任事故调查的处理应当按照<u>实事求是、尊重科学</u>的原则，及时、准确地查清事故原因，查明事故性质和责任，总结事故教训，提出整改措施，并对事故责任者提出处理意见。（2006 年考试涉及）

——易混淆点：实事求是、依法办事；重证据、重调查研究；实事求是、就地解决

采分点 80：《中华人民共和国安全生产法》第七十四条规定，生产经营单位发生生产安全事故，经调查确定为责任事故的，除了应当查明事故单位的责任并依法予以追究外，还应当查明对安全生产的有关事项负有审查批准和监督职责的<u>行政部门</u>的责任，对有失职、渎职行为的，追究其法律责任。

——易混淆点：政法机关；中介机构

采分点 81：《中华人民共和国安全生产法》第七十五条规定，任何单位和个人不得<u>阻挠和干涉</u>对事故的依法调查处理。

——易混淆点：参与和阻挠；参与和干涉

采分点 82：《生产安全事故报告和调查处理条例》规定，特别重大事故由<u>国务院或者国务院授权有关部门</u>组织事故调查组进行调查。（2009 年考试涉及）

——易混淆点：省级人民政府；设区的市级人民政府；县级人民政府

采分点 83：《生产安全事故报告和调查处理条例》规定，重大事故由事故发生地<u>省级人民政府</u>负责调查。（2009 年考试涉及）

——易混淆点：国务院授权的有关部门；设区的市级人民政府；县级人民政府

采分点 84：《生产安全事故报告和调查处理条例》规定，较大事故由事故发生地设区的市级人民政府负责调查。（2009 年考试涉及）

  ——**易混淆点**：*省级人民政府；县级人民政府*

采分点 85：《生产安全事故报告和调查处理条例》规定，一般事故由事故发生地县级人民政府负责调查。（2009 年考试涉及）

  ——**易混淆点**：*省级人民政府；设区的市级人民政府*

采分点 86：《生产安全事故报告和调查处理条例》规定，当特别重大事故以下等级事故的事故发生地与事故发生单位不在同一个县级以上行政区域时，由事故发生地人民政府负责调查。

  ——**易混淆点**：*事故发生单位所在地*

采分点 87：事故调查组的组成应当遵循精简、效能的原则。

  ——**易混淆点**：*全面、效能；完善、稳定*

采分点 88：根据事故的具体情况，事故调查组由有关人民政府、安全生产监督管理部门、负有安全生产监督管理职责的有关部门、监察机关、公安机关，以及工会派人组成，并应当邀请人民检察院派人参加。

  ——**易混淆点**：*行业安全管理部门；企业主管部门*

采分点 89：事故调查组组长由负责事故调查的人民政府指定。事故调查组组长主持事故调查组的工作。

  ——**易混淆点**：*安全生产监督部门；监察部门；公安部门*

采分点 90：事故调查组履行的职责有：①查明事故发生的经过、原因、人员伤亡情况及直接经济损失；②认定事故的性质和事故责任；③提出对事故责任者的处理建议；④总结事故教训，提出防范和整改措施；⑤提交事故调查报告。

  ——**易混淆点**：*做出对事故责任人员的处理决定*

采分点 91：《生产安全事故报告和调查处理条例》规定，事故调查中发现涉嫌犯罪的，事故调查组应当及时将有关材料或者其复印件移交司法机关处理。

——**易混淆点**：公安机关；监察部门；地方政府

采分点 92：《生产安全事故报告和调查处理条例》规定，事故调查组应当自事故发生之日起 60 日内提交事故调查报告。

——**易混淆点**：70 日；80 日

采分点 93：《生产安全事故报告和调查处理条例》规定，在特殊情况下，经负责事故调查的人民政府批准，提交事故调查报告的期限可以适当延长，但延长的期限最长不得超过 60 日。

——**易混淆点**：30 日；40 日；50 日

采分点 94：《生产安全事故报告和调查处理条例》规定，事故调查中需要进行技术鉴定的，事故调查组应当委托具有国家规定资质的单位进行技术鉴定。必要时，事故调查组可以直接组织专家进行技术鉴定。技术鉴定所需时间不计入事故调查期限。

——**易混淆点**：计入；部分计入

采分点 95：事故调查报告应当附具有关证据材料。事故调查组成员应当在事故调查报告上签名。事故调查报告报送负责事故调查的人民政府后，事故调查工作即告结束。

——**易混淆点**：省级；市级；县级

采分点 96：《生产安全事故报告和调查处理条例》规定，重大事故、较大事故或一般事故，负责事故调查的人民政府应当自收到事故调查报告之日起 15 日内做出批复；特别重大事故，30 日内做出批复。（2005 年考试涉及）

——**易混淆点**：10 日，20 日；20 日，40 日

采分点 97：《生产安全事故报告和调查处理条例》规定，在特殊情况下，负责事故调查的人民政府做出批复的时间可以适当延长，但延长的时间最长不得超过 30 日。

（2005 年考试涉及）

——**易混淆点**：10 日；20 日

采分点 98：《生产安全事故报告和调查处理条例》规定，事故发生单位应当按照负责事故调查的<u>人民政府</u>的批复，对本单位负有事故责任的人员进行处理。

——**易混淆点**：主管部门；安全委员会

采分点 99：《生产安全事故报告和调查处理条例》规定，事故发生单位应当认真吸取事故教训，<u>落实防范和整改措施</u>，防止事故再次发生。

——**易混淆点**：落实改进和整治条款；落实预防和整顿方案

采分点 100：《中华人民共和国安全生产法》规定，生产经营单位主要负责人在本单位发生重大生产安全事故时，不立即组织抢救或者在事故调查处理期间擅离职守或者逃匿的，给予<u>降职或撤职</u>的处分，对逃匿的处 15 日以下拘留；构成犯罪的，依照刑法有关规定追究其刑事责任。（2006 年考试涉及）

——**易混淆点**：警告；批评教育

采分点 101：《生产安全事故报告和调查处理条例》规定，事故发生单位主要负责人有下列行为之一的，处上一年年收入 40%～80%的罚款；属于国家工作人员的，并依法给予处分；构成犯罪的，依法追究其刑事责任：<u>①不立即组织事故抢救的；②迟报或者漏报事故的；③在事故调查处理期间擅离职守的</u>。

——**易混淆点**：谎报或者瞒报事故的；在事故发生后逃匿的

采分点 102：《生产安全事故报告和调查处理条例》规定，事故发生单位及其有关人员转移、隐匿资金、财产，或者销毁有关证据、资料的，对事故发生单位处 <u>100 万元以上 500 万元以下</u>的罚款；对主要负责人、直接负责的主管人员和其他直接责任人员处<u>上一年年收入 60%～100%</u>的罚款；属于国家工作人员的，并依法给予处分；构成违反治安管理行为的，由公安机关依法给予治安管理处罚；构成犯罪的，依法追究刑事责任。

——**易混淆点**：50 万元以上 100 万元以下，上一年年收入 40%～80%

采分点 103：《生产安全事故报告和调查处理条例》规定，发生一般事故的单位对事故发生负有责任的，应处 <u>10 万元以上 20 万元以下</u>的罚款。

——**易混淆点**：20 万元以上 50 万元以下

采分点 104：《生产安全事故报告和调查处理条例》规定，发生较大事故的单位对事故发生负有责任的，应处 <u>20 万元以上 50 万元以下</u>的罚款。

——**易混淆点**：10 万元以上 20 万元以下；50 万元以上 80 万元以下

采分点 105：《生产安全事故报告和调查处理条例》规定，发生重大事故的单位对事故发生负有责任的，应处 <u>50 万元以上 200 万元以下</u>的罚款。

——**易混淆点**：20 万元以上 50 万元以下

采分点 106：《生产安全事故报告和调查处理条例》规定，发生特别重大事故的单位对事故发生负有责任的，应处 <u>200 万元以上 500 万元以下</u>的罚款。

——**易混淆点**：100 万元以上 200 万元以下；50 万元以上 100 万元以下

采分点 107：《生产安全事故报告和调查处理条例》规定，单位主要负责人未依法履行安全生产管理职责，导致一般事故发生的，应处上一年年收入 <u>30%</u>的罚款。

——**易混淆点**：20%；40%；50%

采分点 108：《生产安全事故报告和调查处理条例》规定，单位主要负责人未依法履行安全生产管理职责，导致较大事故发生的，应处上一年年收入 <u>40%</u>的罚款。

——**易混淆点**：30%；50%；60%

采分点 109：《生产安全事故报告和调查处理条例》规定，单位主要负责人未依法履行安全生产管理职责，导致重大事故发生的，应处上一年年收入 <u>60%</u>的罚款。

——**易混淆点**：30%；50%；70%

采分点 110：《生产安全事故报告和调查处理条例》规定，单位主要负责人未依法履行安全生产管理职责，导致特别重大事故发生的，应处上一年年收入 <u>80%</u>的罚款。

——**易混淆点**：50%；60%；70%

采分点 111：《生产安全事故报告和调查处理条例》规定，事故发生单位主要负责人受到刑事处罚或者撤职处分的，自刑罚执行完毕或者受处分之日起，<u>5 年</u>内不得担任任何生产经营单位的主要负责人。

　　——**易混淆点：**6 年；7 年

采分点 112：《生产安全事故报告和调查处理条例》规定，参与事故调查的人员在事故调查中有下列行为之一的，应依法给予处分；构成犯罪的，依法追究其刑事责任：<u>①对事故调查工作不负责任，致使事故调查工作有重大疏漏的</u>；②包庇、袒护负有事故责任的人员或者借机打击报复的。

　　——**易混淆点：**在事故调查工作中消极怠工；不服从组织安排，不认真履行事故调查职责的

采分点 113：《建设工程安全生产管理条例》第四十二条规定，建设行政主管部门在审核发放<u>施工许可证</u>时，应当对建设工程是否有安全施工措施进行审查，对没有安全施工措施的，不得颁发。

　　——**易混淆点：**建设工程规划许可证；建设用地规划许可证；安全许可证

采分点 114：《中华人民共和国安全生产法》第五十六条规定，负有安全生产监督管理职责的部门依法对生产经营单位执行有关安全生产的法律、法规和国家标准或者行业标准的情况进行监督检查。对有根据认为不符合保障安全生产的国家标准或者行业标准的设施、设备及器材予以查封或者扣押，并应当在<u>15 日</u>内依法做出处理决定。

　　——**易混淆点：**20 日；25 日；30 日

采分点 115：安全生产监督检查人员在行使职权时，应当履行的法定义务有：<u>①应当忠于职守，坚持原则，秉公执法</u>；②在执行监督检查任务时，必须出示有效的监督执法证件；③对涉及被检查单位的技术秘密和业务秘密，应当为其保密。

　　——**易混淆点：**对于生产事故承担责任；禁止以审查或验收的名义收取费用

采分点 116：《中华人民共和国安全生产法》规定，对违反本法进行行政处罚的决定部门是<u>负责安全生产监督管理的部门</u>。

　　——**易混淆点：**公安部门；劳动部门

第9章

建设工程安全生产管理条例（2Z201090）

【重点提示】

2Z201091　掌握建设工程安全生产管理制度
2Z201092　掌握建设单位的安全责任
2Z201093　掌握工程监理单位的安全责任
2Z201094　掌握施工单位的安全责任
2Z201095　熟悉勘察、设计单位的安全责任
2Z201096　熟悉其他相关单位的安全责任

【采分点精粹】

采分点1：《建设工程安全生产管理条例》的立法目的在于加强建设工程安全生产监督管理，保障人民群众生命和财产安全。

　　——易混淆点：生产监督；安全生产；安全监督

采分点2：《中华人民共和国建筑法》、《中华人民共和国安全生产法》是《建设工程安全生产管理条例》制定的基本法律依据。

　　——易混淆点：《中华人民共和国合同法》

采分点3：《建设工程安全生产管理条例》分为8章，共包括71条，分别对建设单位、施工单位、工程监理单位，以及勘察、设计和其他有关单位的安全责任做出了规定。

　　——易混淆点：6章，58条；9章，82条

采分点4：《建设工程安全生产管理条例》中所称的建设工程包括：土木工程、建筑工程、线路管道和设备安装工程、装修工程。

————**易混淆点**：勘察工程；设计工程

采分点 5：建设工程安全生产管理基本制度包括：安全生产责任制度、群防群治制度、安全生产教育培训制度、安全生产检查制度、伤亡事故处理报告制度和安全责任追究制度。（2007 年考试涉及）

————**易混淆点**：事故预防制度；安全生产制度

采分点 6：安全生产责任制度是建筑生产中最基本的安全管理制度，是所有安全规章制度的核心。（2007 年考试涉及）

————**易混淆点**：质量事故处理制度；质量事故统计报告制度；安全生产监督制度

采分点 7：安全生产管理制度中的群防群治制度是职工群众进行预防和治理安全的制度，是"安全第一、预防为主"的具体体现，同时也是群众路线在安全工作中的具体体现。

————**易混淆点**：安全生产教育培训制度；安全生产责任制度；安全生产检查制度

采分点 8：《建设工程安全生产管理条例》规定，对事故进行处理必须遵循一定的程序，应当做到事故原因不清不放过、事故责任者和群众没有受到教育不放过、没有防范措施不放过。

————**易混淆点**：未取得生产合格证不放过

采分点 9：《建设工程安全生产管理条例》规定，建设单位、设计单位、施工单位和监理单位由于没有履行职责造成人员伤亡和事故损失的，视情节给予相应处理；情节严重的，应责令停业整顿、降低资质等级或吊销资质证书；构成犯罪的，依法追究其刑事责任。

————**易混淆点**：追究民事赔偿责任

采分点 10：建设单位的安全责任包括：①向施工单位提供资料的责任；②依法履行合同的责任；③提供安全生产费用的责任；④不得推销劣质材料设备的责任；⑤提供安全施工措施资料的责任；⑥对拆除工程进行备案的责任。（2010、2008 年考试涉及）

——**易混淆点**：审查工程施工安全技术措施的责任；编制工程施工安全技术措施的责任；对分包单位安全生产全面负责的责任

采分点 11：《建设工程安全生产管理条例》规定，建设单位应当向施工单位提供施工现场及毗邻区域内供水、排水、供电、供气、供热、通信和广播电视等地下管线资料，气象和水文观测材料，相邻建筑物和构筑物、地下工程的有关资料，并保证资料的真实、准确、完整。

——**易混淆点**：建设项目周围环境现状资料；担保合同材料

采分点 12：《建设工程安全生产管理条例》第八条规定，应在建设单位编制的工程概算中确定建设工程安全作业环境及安全施工措施所需的费用。

——**易混淆点**：建设单位编制的工程估算；施工单位编制的工程概算；施工单位编制的工程预算

采分点 13：《建设工程安全生产管理条例》规定，建设单位不得明示或者暗示施工单位购买、租赁或使用不符合安全施工要求的安全防护用具、机械设备、施工机具及配件、消防设施和器材。

——**易混淆点**：急救器材

采分点 14：《建设工程安全生产管理条例》规定，依法批准开工报告的建设工程，建设单位应当自开工报告批准之日起 15 日内，将保证安全施工的措施报送建设工程所在地的县级以上地方人民政府建设行政主管部门或者其他有关部门备案。（2007 年考试涉及）

——**易混淆点**：20 日；30 日；40 日

采分点 15：《建设工程安全生产管理条例》规定，建设单位应当将拆除工程发包给具有相应资质等级的施工单位，并将施工单位资质等级证明等资料报送建设工程所在地的县级以上地方人民政府建设行政主管部门备案。

——**易混淆点**：审查；登记

采分点 16：《建设工程安全生产管理条例》规定，建设单位拆除工程施工 15 日前，将下列资料报送建设工程所在地的县级以上人民政府建设行政主管部门或者其他有关部门备案：①施工单位资质等级证明；②拟拆除建筑物、构筑物及可能危及毗邻建筑的说明；③拆除施工组织方案；④堆放、清除废弃物的措施。（2006年考试涉及）

——**易混淆点**：满足施工需要的图纸和技术资料

采分点17：《建设工程安全生产管理条例》规定，在实施爆破作业时，使用爆破器材的建设单位必须经上级主管部门审查同意，并且在向公安机关申请领取《爆破物品使用许可证》后，方准使用。（2005年考试涉及）

——**易混淆点**：向上级主管部门领取《爆破物品使用许可证》；向建设行政主管部门申请领取施工许可证；向公安机关申请办理施工方案的审批手续

采分点18：《建设工程安全生产管理条例》规定，建设单位未提供建设工程安全生产作业环境及安全施工措施所需费用的，责令限期改正；逾期未改正的，应责令该建设工程停止施工。

——**易混淆点**：给予警告；对其主要负责人处以罚款

采分点19：《建设工程安全生产管理条例》规定，建设单位未将保证安全施工的措施或者拆除工程的有关资料报送有关部门备案的，应责令限期改正，给予警告。

——**易混淆点**：对其主要负责人处以罚款；责令该建设工程停止施工

采分点20：《建设工程安全生产管理条例》规定，建设单位对勘察、设计、施工或工程监理等单位提出不符合安全生产法律、法规和强制性标准规定的要求的，应责令限期改正，处20万元以上50万元以下的罚款；造成重大安全事故，构成犯罪的，对直接责任人员依照刑法有关规定追究其刑事责任；造成损失的，依法承担赔偿责任。

——**易混淆点**：未提供建设工程安全生产作业环境及安全施工措施所需费用的；未将保证安全施工的措施或者拆除工程的有关资料报送有关部门备案的

采分点21：《建设工程安全生产管理条例》第十四条规定，工程监理单位应当审查施工组织设计中的安全技术措施或专项施工方案是否符合工程建设强制性标准和<u>建设单位要求适用</u>的标准。（2010 年考试涉及）

——**易混淆点**：监理单位制定；工程建设推荐；工程建设行业

采分点 22：《建设工程安全生产管理条例》规定，工程监理单位在实施监理的过程中，发现存在安全事故隐患但情况不严重的，应当<u>要求施工单位整改</u>。（2009 年考试涉及）

——**易混淆点**：要求施工单位停止施工；及时向安全生产监督行政主管部门报告；及时向建设工程质量监督机构报告

采分点 23：《建设工程安全生产管理条例》规定，工程监理单位在实施监理的过程中，发现存在安全事故隐患且情况严重的，应当<u>要求施工单位暂时停止施工，并及时报告建设单位</u>。

——**易混淆点**：要求施工单位整改；及时向有关主管部门报告；及时向建设工程质量监督机构报告

采分点 24：《建设工程安全生产管理条例》规定，在实施监理的过程中，施工单位拒不整改或者不停止施工的，工程监理单位应当及时向<u>有关主管部门</u>报告。（2008、2007 年考试涉及）

——**易混淆点**：建设单位；建设行政部门；当地人民政府

采分点 25：《建设工程安全生产管理条例》规定，<u>审查安全技术措施及专项施工方案</u>，报告安全生产事故隐患，以及承担建设工程安全生产监理责任属于监理单位的安全生产管理责任和义务。（2005 年考试涉及）

——**易混淆点**：编制安全技术措施及专项施工方案

采分点 26：《建设工程安全生产管理条例》第五十八条规定，注册执业人员（包括监理工程师）未执行法律、法规和工程建设强制性标准的，责令停止执业 <u>3 个月以上 1 年以下</u>；情节严重的，吊销执业资格证书，<u>5 年内不予注册</u>；造成重大安全事故的，终身不予注册；构成犯罪的，依照刑法的有关规定追究其刑事责任。

——易混淆点：3个月以下，6年；1年以上2年以下，7年

采分点 27：《建设工程安全生产管理条例》规定，工程监理单位有以下行为之一的，责令限期改正；逾期未改正的，责令停业整顿，并处10万元以上30万元以下的罚款；情节严重的，降低资质登记，直至吊销资质证书：①未对施工组织设计中的安全技术措施或者专项施工方案进行审查的；②发现安全事故隐患未及时要求施工单位整改或者暂时停止施工的；③施工单位拒不整改或者不停止施工，未及时向有关主管部门报告的；④未依照法律、法规和工程建设强制性标准实施监理的。

——易混淆点：要求施工单位压缩合同约定的工期的

采分点 28：施工单位的安全责任包括：主要负责人、项目负责人和专职安全生产管理人员的安全责任；总承包单位和分包单位的安全责任；安全生产教育培训；施工单位应采取的安全措施；法律责任。（2008年考试涉及）

——易混淆点：建设工程的安全生产监理责任

采分点 29：《建设工程安全生产管理条例》第二十一条第一款规定，施工单位主要负责人依法对本单位的安全生产工作全面负责。（2008、2007年考试涉及）

——易混淆点：建设单位的负责人；施工单位的专职生产管理人员；建设单位的专职生产管理人员

采分点 30：施工单位主要负责人在安全生产方面的主要职责包括：①建立健全安全生产责任制度和安全生产教育培训制度；②制定安全生产规章制度和操作规程；③保证本单位安全生产条件所需资金的投入；④对所承建的建设工程进行定期和专项安全检查，并做好安全检查记录。

——易混淆点：落实安全生产责任制度、安全生产规章制度和操作规程；及时、如实地报告生产安全事故

采分点 31：《建设工程安全生产管理条例》规定，项目经理在工程项目中处于中心地位，对建设工程项目的安全全面负责。（2006年考试涉及）

——易混淆点：董事长；总经理；总工程师

采分点 32：《建设工程安全生产管理条例》规定，施工单位的项目负责人应当由取得<u>建造师执业资格</u>的人员担任。

　　　　　　——**易混淆点**：工程师职称；经济师职称；项目经理证书

采分点 33：施工单位项目负责人的安全责任主要包括：①<u>落实安全生产责任制度、安全生产规章制度和操作规程</u>；②确保安全生产费用的有效使用；③根据工程的特点组织制定安全施工措施，消除安全事故隐患；④及时、如实地报告生产安全事故。（2009 年考试涉及）

　　　　　　——**易混淆点**：制定安全生产规章制度和操作规程；建立健全安全生产责任制度和安全生产教育培训制度

采分点 34：根据建设都《建筑施工企业安全生产管理机构设置及专职安全生产管理人员配备办法》的规定，<u>施工单位及其所属的分公司、区域公司等较大的分支机构</u>，必须在建设工程项目中设立安全生产管理机构，负责本企业（分支机构）的安全生产管理工作。

　　　　　　——**易混淆点**：技术部门；工程部门；质量部门

采分点 35：施工单位应当设立安全生产管理机构，其职责主要包括：落实国家有关安全生产法律法规和标准，<u>编制并适时更新安全生产管理制度</u>，组织开展全员安全教育培训及安全检查等活动。

　　　　　　——**易混淆点**：配备专职安全生产管理人员；落实安全生产管理责任

采分点 36：《建设工程安全生产管理条例》第二十三条规定，专职安全生产管理人员的配备办法由<u>国务院建设行政主管部门</u>会同国务院其他有关部门制定。

　　　　　　——**易混淆点**：全国人民代表大会；国务院；建设部

采分点 37：专职安全生产管理人员的安全责任主要包括：对安全生产进行现场监督检查；发现安全事故隐患，应当及时向<u>项目负责人</u>和安全生产管理机构报告；对于违章指挥、违章操作的，应当立即制止。

　　　　　　——**易混淆点**：施工单位主要负责人；项目发包人

采分点 38：《建设工程安全生产管理条例》规定，建设工程实行施工总承包的，由<u>总承包单位</u>对施工现场的安全生产负总责。（2008 年考试涉及）

——**易混淆点**：建设单位；监理公司

采分点 39：《建设工程安全生产管理条例》规定，建筑工程主体结构的施工必须由<u>总承包单位自行完成</u>。（2009 年考试涉及）

——**易混淆点**：可以由总承包单位分包给具有相应资质的其他施工单位

采分点 40：《建设工程安全生产管理条例》第二十四条规定，总承包单位依法将建设工程分包给其他单位的，分包合同中应当明确各自在安全生产方面的权利和义务。总承包单位和分包单位对分包工程的安全生产承担<u>连带责任</u>。（2007、2005 年考试涉及）

——**易混淆点**：各自相应的责任；按份责任；补充责任

采分点 41：《建设工程安全生产管理条例》第二十四条规定，总承包单位依法将建设工程分包给其他单位的，分包单位应当服从总承包单位的安全生产管理，分包单位因不服从管理而导致生产安全事故的，由分包单位承担<u>主要责任</u>。（2009、2007 年考试涉及）

——**易混淆点**：全部责任；次要责任；相应比例责任

采分点 42：施工单位的主要负责人、项目负责人和专职安全生产管理人员应当经建设行政主管部门或者其他有关部门<u>考核合格</u>后方可任职。

——**易混淆点**：审查合格；备案；登记

采分点 43：《建设工程安全生产管理条例》规定，施工单位应当对管理人员和作业人员每年至少进行 <u>1 次</u>安全生产教育培训，其教育培训情况记入个人工作档案。安全生产教育培训考核不合格的人员，不得上岗。

——**易混淆点**：2 次；3 次

采分点 44：《建设工程安全生产管理条例》规定，作业人员进入新的岗位或者新的施工现场前，应当接受<u>安全生产教育</u>培训，未经此培训或者培训考核不合格的人员，不得上岗作业。

——**易混淆点**：生产教育培训；机械操作规程培训；质量教育培训

采分点 45：《建设工程安全生产管理条例》规定，施工单位在采用新技术、新工艺、新设备和新材料时，应当对作业人员进行相应的<u>安全生产教育培训</u>。

    ——**易混淆点**：技术交底；技术培训

采分点 46：《建设工程安全生产管理条例》规定，从事垂直运输机械作业人员、爆破作业人员及登高架设作业人员等特种作业人员，按照国家有关规定必须进行培训，并取得特种作业操作资格证书后，方可上岗作业。该规定属于<u>安全生产教育培训制度</u>范畴。

    ——**易混淆点**：岗位人员的安全生产责任制；从事建筑活动主体负责人的责任制

采分点 47：《建设工程安全生产管理条例》规定，施工单位应当在施工组织设计中编制安全技术措施和施工现场临时用电方案，对达到一定规模的危险性较大的分部分项工程编制专项施工方案，并附具安全验算结果，经施工单位的<u>技术负责人和总监理工程师</u>签字后实施，由专职安全生产管理人员进行现场监督。

    ——**易混淆点**：项目负责人；项目负责人和总监理工程师

采分点 48：《建设工程安全生产管理条例》规定，应编制专项施工方案，并附具安全验算结果的分部分项工程包括：①<u>基坑支护与降水工程</u>；②土方开挖工程；③模板工程；④起重吊装工程；⑤脚手架工程；⑥拆除、爆破工程；⑦国务院建设行政主管部门或者其他有关部门规定的其他危险性较大的工程。

    ——**易混淆点**：楼地面工程

采分点 49：《建设工程安全生产管理条例》规定，工程中涉及深基坑、地下暗挖工程，以及高大模板工程的专项施工方案，<u>施工单位应当组织专家进行论证和审查</u>。

    ——**易混淆点**：设计单位；建设单位；监理单位

采分点 50：《建设工程安全生产管理条例》规定，施工单位应当在施工现场的入口处、施工起重机械、临时用电设施、脚手架、出入通道口、楼梯口、电梯井口、孔洞口、桥梁口、隧道口、基坑边沿、爆破物及有害危险气体和液体存放处等危险部位设置明显的安全警示标志。（2008 年考试涉及）

——**易混淆点**：生活区入口；办公区入口

采分点 51：施工单位应当根据不同施工阶段和周围环境及季节、气候的变化，在施工现场采取相应的安全施工措施。施工现场暂时停止施工的，施工单位应当做好现场防护，所需费用由责任方承担，或者按照合同约定执行。（2007 年考试涉及）

——**易混淆点**：施工单位；建设单位；暂停决定方

采分点 52：《建设工程安全生产管理条例》规定，施工单位应当将施工现场的办公、生活区与作业区分开设置，并保持安全距离。（2005 年考试涉及）

——**易混淆点**：办公区与生活区；备料区与作业区；办公、生活区与备料区

采分点 53：《建设工程安全生产管理条例》规定，办公、生活区的选址应当符合安全性要求。职工的膳食、饮水和休息场所等应当符合卫生标准。（2007 年考试涉及）

——**易混淆点**：强制性标准，生活标准；建设单位要求，规定标准；安全标准，最低标准

采分点 54：《建设工程安全生产管理条例》规定，施工现场使用的装配式活动房屋应当具有产品许可证。（2008 年考试涉及）

——**易混淆点**：生产许可证；生产合格证；产品合格证

采分点 55：《建设工程安全生产管理条例》规定，施工单位对因建设工程施工可能造成损害的毗邻建筑物、构筑物和地下管线等，应当采取专项防护措施。（2007 年考试涉及）

——**易混淆点**：特殊防护；强制性保护；法定保护

采分点 56：《建设工程安全生产管理条例》规定，施工单位采购、租赁的安全防护用具、机械设备、施工机具及配件，应当具有生产（制造）许可证和产品合格证，并在进入施工现场前进行查验。

——**易混淆点**：生产合格证；准入许可证；产品许可证

采分点 57：《建设工程安全生产管理条例》规定，施工现场的安全防护用具、机械设备、施工机具及配件必须由专人管理，<u>定期</u>进行检查、维修和保养，建立相应的资料档案，并按照国家有关规定及时报废。

    ——**易混淆点**：不定期；随时

采分点 58：《建设工程安全生产管理条例》规定，作业人员应当遵守安全施工的<u>强制性标准</u>、规章制度和操作规程，正确使用安全防护用具、机械设备等。

    ——**易混淆点**：推荐性标准

采分点 59：《建设工程安全生产管理条例》规定，施工单位使用承租的机械设备和施工机具及配件的，由<u>施工总承包单位、分包单位、出租单位和安装单位</u>共同进行验收。验收合格的方可使用。

    ——**易混淆点**：施工总承包单位和安装单位；出租单位和安装单位

采分点 60：《建设工程安全生产管理条例》规定，施工单位自施工起重机械和整体提升脚手架、模板等自升式架设设施验收合格之日起 30 日内，应当<u>向建设行政主管部门或者其他有关部门登记</u>。

    ——**易混淆点**：向建设行政主管部门或者其他有关部门审查；在相关媒体进行发布；向建设单位审查

采分点 61：《建设工程安全生产管理条例》第三十八条规定，施工单位应当为<u>施工现场从事危险作业的人员</u>办理意外伤害保险。（2008、2007、2005 年考试涉及）

    ——**易混淆点**：施工现场的所有人员；施工现场从事特殊工种的人员；施工现场的专职安全管理人员

采分点 62：《建设工程安全生产管理条例》规定，工程实行施工总承包的，分包单位作业人员的意外伤害保险费由<u>总承包单位</u>支付。（2010 年考试涉及）

    ——**易混淆点**：建设单位；分包单位；总承包单位和分包单位共同

采分点 63：《建设工程安全生产管理条例》规定，为员工办理的意外伤害保险期限自建设工程开工之日起至<u>竣工验收合格</u>止。（2007 年考试涉及）

——易混淆点：施工结束；工程投入使用；工程保修期结束

采分点 64：《建设工程安全生产管理条例》规定，施工单位挪用列入建设工程概算的安全生产作业环境及安全施工措施所需费用的，责令限期改正，处挪用费用 <u>20%以上 50%以下</u> 的罚款；造成损失的，依法承担赔偿责任。

——易混淆点：50%以上 80%以下；1 倍以上 2 倍以下

采分点 65：《建设工程安全生产管理条例》规定，施工单位未根据不同施工阶段和周围环境及季节、气候的变化，在施工现场采取相应的安全施工措施，或者在城市市区内的建设工程的施工现场未实行封闭围挡的，责令限期改正；逾期未改正的，责令停业整顿，并处 <u>5 万元以上 10 万元以下</u> 的罚款；造成重大安全事故构成犯罪的，对直接责任人员依照刑法有关规定追究其刑事责任。

——易混淆点：5 万元以下；10 万元以上 30 万元以下

采分点 66：《建设工程安全生产管理条例》规定，施工单位使用未经验收或者验收不合格的施工起重机械和整体提升脚手架、模板等自升式架设设施的，责令限期改正；逾期未改正的，责令停业整顿，并处 <u>10 万元以上 30 万元以下</u> 的罚款；情节严重的，降低资质等级，直至吊销资质证书；造成重大安全事故构成犯罪的，对直接责任人员依照刑法有关规定追究其刑事责任；造成损失的，依法承担赔偿责任。

——易混淆点：5 万元以上 10 万元以下；30 万元以上 50 万元以下

采分点 67：《建设工程安全生产管理条例》规定，施工单位的主要负责人和项目负责人未履行安全生产管理职责的，责令限期改正；逾期未改正的，<u>责令施工单位停业整顿</u>；造成重大安全事故、重大伤亡事故或者其他严重后果构成犯罪的，依照刑法有关规定追究其刑事责任。

——易混淆点：处以罚款；吊销营业执照

采分点 68：《建设工程安全生产管理条例》规定，施工单位的主要负责人和项目负责人未履行安全生产管理职责，尚不构成刑事处罚的，处 <u>2 万元以上 20 万元以下</u> 的罚款或者按照管理权限给予撤职处分；自刑罚执行完毕或者受处分之日起，<u>5 年</u> 内不得担任任何施工单位的主要负责人或项目负责人。

——易混淆点：1 万元以上 2 万元以下，6 年

采分点 69：《建设工程安全生产管理条例》规定，施工单位取得资质证书后<u>降低安全生产条件的</u>，责令限期改正；经整改仍未达到与其资质等级相适应的安全生产条件的，责令停业整顿，降低其资质等级，直至吊销资质证书。

　　　　——**易混淆点**：未能进一步改善安全生产条件的；未能杜绝安全事故的；未能明显提高职工职业健康安全水平的

采分点 70：在建设工程施工项目中，设计单位的安全责任包括：<u>科学设计的责任、提出建议的责任和承担后果的责任</u>。

　　　　——**易混淆点**：保证后续工作安全的责任；保证周边建筑物安全的责任

采分点 71：《建设工程安全生产管理条例》规定，采用新结构、新材料及新工艺的建设工程和特殊结构的建设工程，设计单位应当在设计中提出<u>保障施工作业人员安全和预防生产安全事故的措施建议</u>。

　　　　——**易混淆点**：新结构和新材料的应用说明；新工艺的具体操作流程；重点部位和环节的施工说明

采分点 72：《建设工程安全生产管理条例》规定，勘察单位、设计单位未按照法律、法规和工程建设强制性标准进行勘察、设计的，责令限期改正，处 <u>10 万元以上 30 万元以下</u>的罚款；情节严重的，责令停业整顿，降低资质等级，直至吊销资质证书；造成重大安全事故构成犯罪的，对直接责任人员依照刑法有关规定追究其刑事责任；造成损失的，依法承担赔偿责任。

　　　　——**易混淆点**：20 万元以上 50 万元以下；10 万元以上 20 万元以下

采分点 73：《建设工程安全生产管理条例》规定，为建设工程提供机械设备和配件的单位，应当按照安全施工的要求配备齐全有效的保险、<u>限位</u>等安全设施和装置。

　　　　——**易混淆点**：报警；显示

采分点 74：《建设工程安全生产管理条例》规定，出租机械设备的单位应当对出租的机械设备和施工机具及配件的安全性能进行检测，在签订租赁协议时，应当出具<u>检测合格证明</u>。（2007 年考试涉及）

　　　　——**易混淆点**：生产（制造）许可证明；产品合格证明；建筑机械使用许可证明

采分点 75：《建设工程安全生产管理条例》规定，若在施工现场安装、拆卸施工起重机械和整体提升脚手架、模板等自升式架设设施，必须由<u>具有相应资质的单位</u>承担。（2010 年考试涉及）

  ——**易混淆点**：总承包单位；使用设备的分包单位；设备出租单位

采分点 76：《建设工程安全生产管理条例》规定，施工起重机械和整体提升脚手架、模板等自升式架设设施安装完毕后，安装单位应当<u>自检，出具自检合格证明</u>，并向施工单位进行安全使用说明，办理验收手续并签字。

  ——**易混淆点**：自检，出具检验合格证明；他检，出具他检合格证明

采分点 77：《建设工程安全生产管理条例》规定，<u>施工起重机械、整体提升脚手架和模板</u>等自升式架设设施的使用达到国家规定的检验检测期限的，必须经具有专业资质的检验检测机构检测。经检测不合格的，不得继续使用。

  ——**易混淆点**：施工电气设备；悬挑脚手架

采分点 78：《建设工程安全生产管理条例》规定，施工起重机械和自升式架设设施在使用过程中，应当按照规定进行<u>定期检测</u>，并及时进行全面检修和保养。

  ——**易混淆点**：不定期检测；随时检测

采分点 79：根据国务院《特种设备安全监察条例》的规定，检验检测机构和检验检测人员在进行特种设备检验检测时，应当遵循<u>诚信、方便企业</u>的原则，为施工单位提供可靠、便捷的检验检测服务。

  ——**易混淆点**：公开、公正；科学、公正

采分点 80：检验检测结果和鉴定结论经检验检测人员签字后，应由检验检测机构<u>负责人</u>签署。

  ——**易混淆点**：总工程师；注册安全工程师；安全检测主管

采分点 81：《建设工程安全生产管理条例》规定，为建设工程提供机械设备和配件的单位，未按照安全施工的要求配备齐全有效的保险、限位等安全设施和装置的，责令限期改正，处<u>合同价款 1 倍以上 3 倍以下</u>的罚款；造成损失的，依法承担赔偿责任。

  ——**易混淆点**：合同价款 30%以上 60%以下；1 万元以上 3 万元以下

采分点 82：《建设工程安全生产管理条例》规定，出租单位出租未经安全性能检测或者经检测不合格的机械设备和施工机具及配件的，责令停业整顿，并处 <u>5 万元以上 10 万元以下</u>的罚款；造成损失的，依法承担赔偿责任。

　　——*易混淆点*：5 万元以下；10 万元以上 15 万元以下

采分点 83：《建设工程安全生产管理条例》规定，施工起重机械和整体提升脚手架、模板等自升式架设设施安装、拆卸的单位<u>未出具自检合格证明或者出具虚假证明的</u>，责令限期改正，处 5 万元以上 10 万元以下的罚款；情节严重的，责令停业整顿，降低资质等级，直至吊销资质证书；造成损失的，依法承担赔偿责任。

　　——*易混淆点*：未领取拆卸许可证的

第 10 章

安全生产许可证条例（2Z201100）

【重点提示】

2Z201101　掌握安全生产许可证的取得条件

2Z201102　熟悉安全生产许可证的管理规定

【采分点精粹】

采分点 1:《安全生产许可证条例》于 2004 年 1 月 7 日国务院第三十四次常务会议通过，2004 年 <u>1 月 13 日</u>起施行。

　　——**易混淆点**：1 月 9 日；1 月 11 日

采分点 2:《安全生产许可证条例》的立法目的在于<u>严格规范</u>安全生产条件，进一步加强安全生产监督管理，防止和减少生产安全事故。

　　——**易混淆点**：保证；建立健全

采分点 3:《安全生产许可证条例》共包括 <u>24 条</u>，对安全生产许可证的颁发管理做出了规定。

　　——**易混淆点**：18 条；20 条

采分点 4:《安全生产许可证条例》第二条规定，国家对矿山企业、建筑施工企业和危险化学品、烟花爆竹、民用爆破器材生产企业实行<u>安全生产许可制度</u>。

　　——**易混淆点**：审查制度；批准制度

采分点 5:根据《安全生产许可证条例》的规定，建设部于 2004 年 7 月 5 号发布施行了《建筑施工企业安全生产许可证管理规定》，其适用范围为建筑施工企业。这里所称的建筑施工企业，是指从事<u>土木工程、建筑工程、线路管道、设备安装工程和装修工程</u>的新建、扩建、改建和拆除等有关活动的企业。

——**易混淆点**：机电工程；运输工程

采分点 6：《建筑施工企业安全生产许可证管理规定》规定，<u>保证本单位安全生产条件所需资金的投入</u>是施工企业取得安全生产许可证必须具备的条件之一。（2008 年考试涉及）

——**易混淆点**：保证本单位安全生产条件所需资金的有效使用

采分点 7：《建筑施工企业安全生产许可证管理规定》规定，设置安全生产管理机构，按照国家有关规定配备<u>专职安全生产管理人员</u>是施工企业取得安全生产许可证必须具备的条件之一。

——**易混淆点**：兼职安全生产管理人员

采分点 8：《建筑施工企业安全生产许可证管理规定》规定，<u>依法参加工伤保险，依法为施工现场从事危险作业的人员办理意外伤害保险，以及为从业人员交纳保险费</u>属于建筑施工企业取得安全生产许可证应当具备的安全生产条件之一。（2010 年考试涉及）

——**易混淆点**：在城市规划区的建筑工程已经取得建设工程规划许可证；施工场地已基本具备施工条件，需要拆迁的，其拆迁进度符合施工要求；有保证工程质量和安全的具体措施

采分点 9：《安全生产许可证条例》第十四条规定，安全生产许可证颁发管理机关应当加强对取得安全生产许可证的企业的监督检查，发现其不再具备本条例规定的安全生产条件的，<u>应当暂扣或者吊销安全生产许可证</u>。

——**易混淆点**：责令改正；责令停业整顿

采分点 10：建筑施工企业在从事建筑施工活动前，应当依照规定向<u>省级以上</u>建设主管部门申请领取安全生产许可证。

——**易混淆点**：县级以上；地市级以上

采分点 11： 中央管理的建筑施工企业（集团公司、总公司）应当向国务院建设主管部门申请领取安全生产许可证。

    ——**易混淆点**：省级以上

采分点 12： 建筑施工企业申请安全生产许可证时，应当向建设主管部门提供的材料包括：①建筑施工企业安全生产许可证申请表；②企业法人营业执照；③与申请安全生产许可证应当具备的安全生产条件相关的文件和材料。

    ——**易混淆点**：施工许可证

采分点 13： 《安全生产许可证条例》第九条规定，安全生产许可证的有效期为 3 年。（2010、2009 年考试涉及）

    ——**易混淆点**：2 年；4 年；5 年

采分点 14： 《安全生产许可证条例》第九条规定，安全生产许可证有效期满需要延期的，企业应当于期满前 3 个月向原安全生产许可证颁发管理机关办理延期手续。

    ——**易混淆点**：5 个月；4 个月；2 个月

采分点 15： 《安全生产许可证条例》第九条规定，企业在安全生产许可证有效期内，严格遵守有关安全生产的法律法规，未发生死亡事故的，安全生产许可证有效期届满时，经原安全生产许可证颁发管理机关同意，不再审查，安全生产许可证有效期延期 3 年。

    ——**易混淆点**：1 年；2 年；4 年

采分点 16： 建筑施工企业变更名称、地址或法定代表人等，应当在变更后 10 日内，到原安全生产许可证颁发管理机构办理变更安全生产许可证变更手续。

    ——**易混淆点**：施工地点；安全负责人

采分点 17： 若建筑施工企业遗失安全生产许可证，应当立即向原安全生产许可证颁发管理机关报告，并在公众媒体上声明作废后，方可申请补办。

    ——**易混淆点**：在媒体上声明作废后申请补办；立即向原发证机关申请注销；直接向原发证机关申请补办

采分点 18：《安全生产许可证条例》规定，建筑施工企业违反本条例规定，未取得安全生产许可证擅自进行生产的，责令停止生产，没收违法所得，并处 <u>10 万元以上 50 万元以下</u> 的罚款；造成重大事故或者其他严重后果构成犯罪的，依法追究其刑事责任。

——**易混淆点**：5 万元以下；5 万元以上 10 万元以下

采分点 19：《安全生产许可证条例》规定，建筑施工企业的安全生产许可证有效期满未办理延期手续，继续进行生产的，责令停止生产，限期补办延期手续，没收违法所得，并处 <u>5 万元以上 10 万元以下</u> 的罚款。

——**易混淆点**：5 万元以下；10 万元以上 15 万元以下

采分点 20：《安全生产许可证条例》规定，建筑施工企业转让安全生产许可证的，没收违法所得，处 10 万元以上 50 万元以下的罚款，<u>并吊销其安全生产许可证</u>；构成犯罪的，依法追究其刑事责任。

——**易混淆点**：降低其资质；责令其停业整顿

采分点 21：《安全生产许可证条例》规定，建筑施工企业<u>冒用安全生产许可证或者使用伪造的安全生产许可证进行生产的</u>，责令停止生产，没收违法所得，并处 10 万元以上 50 万元以下的罚款；造成重大事故或者其他严重后果构成犯罪的，依法追究其刑事责任。

——**易混淆点**：生产许可证有效期满未办理延期手续，继续进行生产的

第 11 章

建设工程质量管理条例（2Z201110）

【重点提示】

2Z201111　掌握建设单位的质量责任和义务

2Z201112　掌握施工单位的质量责任和义务

2Z201113　掌握工程监理单位的质量责任和义务

2Z201114　掌握建设工程质量保修制度

2Z201115　熟悉勘察、设计单位的质量责任和义务

2Z201116　熟悉建设工程质量的监督管理

【采分点精粹】

采分点 1：《建设工程质量管理条例》于 2000 年 1 月 10 日经国务院第二十五次常务会议通过，2000 年 <u>1 月 30 日</u>起实施。

　　　　——易混淆点：1 月 15 日；1 月 20 日

采分点 2：《建设工程质量管理条例》的立法目的在于<u>加强对建设工程质量的管理，保证建设工程质量，保护人民的生命和财产安全</u>。

　　　　——易混淆点：维护建设市场秩序；促进建筑业健康发展

采分点 3：《建设工程质量管理条例》共包括 <u>137 条</u>，分别对建设单位、施工单位、工程监理单位和勘查、设计单位的质量责任和义务做出了规定。

　　　　——易混淆点：98 条；102 条；128 条

采分点 4：《建设工程质量管理条例》第二条规定，凡在中华人民共和国境内从事建设工程的<u>新建、扩建或改建</u>等有关活动及实施对建设工程质量监督管理的，必须遵守本条例。

——**易混淆点**：拆除

采分点 5：根据《建设工程质量管理条例》的规定，建设单位的质量责任包括：依法对工程进行发包的责任；依法对材料设备进行招标的责任；提供原始资料的责任；不得干预投标人的责任；送审施工图的责任；委托监理的责任；确保提供的物资符合要求的责任；<u>不得擅自改变主体和承重结构进行装修的责任</u>；依法组织竣工验收的责任；移交建设项目档案的责任。（2008 年考试涉及）

——**易混淆点**：确保外墙保温材料符合要求的责任

采分点 6：《建设工程质量管理条例》第八条规定，建设单位应当依法对工程建设项目的<u>勘察、设计、施工、监理</u>环节，以及与工程建设有关的重要设备、材料等的采购进行招标。

——**易混淆点**：可行性研究

采分点 7：《建设工程质量管理条例》规定，建设工程发包单位不得迫使承包方以<u>低于成本</u>的价格竞标。

——**易混淆点**：低于市场；低于预算；低于标底

采分点 8：《建设工程质量管理条例》规定，建设项目施工图设计文件未经审查批准不得使用。在施工图设计文件编制完成后，<u>建设单位</u>应将其报县级以上人民政府建设行政主管部门或其他有关部门审查。

——**易混淆点**：设计单位；施工单位；监理单位

采分点 9：《建设工程质量管理条例》规定，对于涉及<u>建筑主体和承重结构变动</u>的装修工程，建设单位应当在施工前委托原设计单位或者具有相应资质等级的设计单位提出设计方案；没有设计方案的，不得施工。（2009、2007 年考试涉及）

——**易混淆点**：增加工程造价总额；改变建筑工程一般结构

采分点 10：《建设工程质量管理条例》规定，<u>建设单位</u>收到建设工程竣工报告后，应当组织有关单位进行竣工验收。

——**易混淆点**：施工单位；工程监理单位；设计单位

采分点 11： 建设工程竣工验收应当具备的条件有：①完成建设工程设计和合同约定的各项内容；②有完整的技术档案和施工管理资料；③有工程使用的主要建筑材料、建筑构配件和设备的进场试验报告；④有勘察、设计、施工和工程监理等单位分别签署的质量合格文件；⑤有施工单位签署的工程保修书。（2010、2008年考试涉及）

———**易混淆点：** 有设计、监理单位签署的工程保修书

采分点 12： 根据最高人民法院有关司法解释的规定，建设工程未经竣工验收，发包人擅自使用后，又以使用后的主体结构工程质量不符合约定为由主张权利的，法院应予以支持。（2009年考试涉及）

———**易混淆点：** 电气；装饰；暖通

采分点 13：《建设工程质量管理条例》规定，建设单位应当严格按照国家有关档案管理的规定，在建设工程竣工验收后，应及时向建设行政主管部门或者其他有关部门移交建设项目档案。（2006年考试涉及）

———**易混淆点：** 施工单位；监理单位；设计单位

采分点 14：《建设工程质量管理条例》规定，建设单位将建设工程发包给不具有相应资质等级的勘察、设计、施工单位或者委托给不具有相应资质等级的工程监理单位的，责令改正，并处50万元以上100万元以下的罚款。

———**易混淆点：** 20万元以上50万元以下；工程合同价款1%以上5%以下的罚款

采分点 15：《建设工程质量管理条例》规定，建设单位将建设工程肢解发包的，责令改正，并处工程合同价款0.5%以上1%以下的罚款；对全部或者部分使用国有资金的项目，并可以暂停项目执行或者暂停资金拨付。

———**易混淆点：** 10万元以上30万元以下；工程合同价款1%以上5%以下的罚款

采分点 16：《建设工程质量管理条例》规定，建设单位未取得施工许可证或者开工报告未经批准，擅自施工的，责令停止施工，限期改正，并处工程合同价款1%以上2%以下的罚款。

———**易混淆点：** 将建设工程肢解发包的；将建设工程发包给不具有相应资质等级的勘察、设计和施工单位的

采分点 17：《建设工程质量管理条例》第五十八条规定，建设单位有以下行为的，责令改正，处工程合同价款 2% 以上 4% 以下的罚款；造成损失的，依法承担赔偿责任：① 未组织竣工验收，擅自交付使用的；② 验收不合格，擅自交付使用的；③ 对不合格的建设工程按照合格工程验收的。

——**易混淆点**：明示或者暗示施工单位使用不合格的建筑材料、建筑构配件和设备的；任意压缩工期的

采分点 18：《建设工程质量管理条例》规定，建设工程竣工验收后，建设单位未向建设行政主管部门或者其他有关部门移交建设项目档案的，责令改正，并处 1 万元以上 10 万元以下的罚款。

——**易混淆点**：1 万元以下；1 万元以上 5 万元以下

采分点 19：《建设工程质量管理条例》规定，涉及建筑主体或者承重结构变动的装修工程，没有设计方案擅自施工的，责令改正，并处 50 万元以上 100 万元以下的罚款；房屋建筑使用者在装修过程中擅自变动房屋建筑主体和承重结构的，责令改正，并处 5 万元以上 10 万元以下的罚款。

——**易混淆点**：10 万元以上 30 万元以下，1 万元以上 5 万元以下

采分点 20：《建设工程质量管理条例》规定，建设单位明示或者暗示设计单位或者施工单位违反工程建设强制性标准，降低工程质量的，应责令改正，并处 20 万元以上 50 万元以下的罚款。

——**易混淆点**：10 万元以上 20 万元以下；50 万元以上 80 万元以下

采分点 21：根据《建设工程质量管理条例》的规定，建设单位在领取施工许可证之前，应当按照有关规定办理工程质量监督手续。（2007、2005 年考试涉及）

——**易混淆点**：办理开工报告手续；签订工程施工合同；办理保证安全施工措施备案手续

采分点 22：根据《建设工程质量管理条例》的规定，建设单位、设计单位、施工单位或工程监理单位违反国家规定，降低工程质量标准，造成重大安全事故的，对直接责任人处五年以下有期徒刑或者拘役，并处罚金。

——**易混淆点**：处三年以下有期徒刑或者拘役；处三年以下有期徒刑或者拘役，
并处罚金；处五年以下有期徒刑或者拘役

采分点 23：《建设工程质量管理条例》规定，施工单位应当保证钢筋混凝土预制桩符合设
计文件和合同要求。（2008 年考试涉及）

——**易混淆点**：建设单位；监理公司；设计单位

采分点 24：《建设工程质量管理条例》规定，总承包单位依法将建设工程分包给其他单位
的，分包单位应当按照分包合同的约定对其分包工程的质量向总承包单位负
责，总承包单位与分包单位对分包工程的质量承担连带责任。（2010、2008
年考试涉及）

——**易混淆点**：验收机构；监理单位

采分点 25：《建设工程质量管理条例》第二十八条规定，施工单位必须按照工程设计图纸和
施工技术标准施工，不得擅自修改工程设计，不得偷工减料。当施工单位在施
工过程中发现设计文件和图纸有差错时，应当及时提出意见和建议。（2009 年
考试涉及）

——**易混淆点**：按照国家标准施工；按原图纸继续施工；与监理工程师协商一
致后，继续施工

采分点 26：《建设工程质量管理条例》规定，建设单位、施工单位或监理单位不得修改建设
工程勘察和设计文件；确实需要修改建设工程勘察和设计文件的，应当由原建
设工程勘察、设计单位修改后，方可施工。（2008 年考试涉及）

——**易混淆点**：当地具有相应资质的设计单位

采分点 27：《建设工程质量管理条例》规定，建设工程勘察、设计文件内容需要做重大修改
的，建设单位报原审批机关批准后，方可修改。（2010 年考试涉及）

——**易混淆点**：设计单位和建设单位协商一致；召开专家论证会

采分点 28：《建设工程质量管理条例》第二十九条规定，施工单位必须按照工程设计要求、
施工技术标准和合同约定，对建筑材料、建筑构配件、设备和商品混凝土进行
检验，检验应当有书面记录和专人签字；未经检验或检验不合格的，不得使用。

（2005年考试涉及）

——易混淆点：周转材料

采分点 29：《建设工程质量管理条例》第三十条规定，施工单位必须建立、健全施工质量的检验制度，严格工序管理，做好隐蔽工程的质量检查和记录。隐蔽工程在隐蔽前，施工单位应当通知<u>建设单位和建设工程质量监督机构</u>。（2008年考试涉及）

——**易混淆点：**安全生产监督管理部门；勘察单位；设计单位

采分点 30：《建设工程质量管理条例》规定，施工人员对涉及结构安全的试块、试件及有关材料，应当在<u>建设单位或者工程监理单位</u>监督下现场取样，并送具有相应资质等级的质量检测单位进行检测。（2008年考试涉及）

——**易混淆点：**施工企业质量管理部门；设计单位或监理单位；工程质量监督机构

采分点 31：建设工程的保修期，<u>自竣工验收合格之日起计算</u>。（2007年考试涉及）

——**易混淆点：**工程竣工；投入使用；合同约定

采分点 32：《建设工程质量管理条例》规定，施工单位超越本单位资质等级承揽工程的，责令停止违法行为，对施工单位处<u>工程合同价款2%以上4%以下</u>的罚款，可以责令停业整顿，降低资质等级；情节严重的，吊销资质证书；有违法所得的，予以没收。

——**易混淆点：**工程合同价款1%以上2%以下；5万元以上10万元以下

采分点 33：《建设工程质量管理条例》规定，<u>承包单位将承包的工程转包或者违法分包的</u>，责令改正，没收违法所得，并对施工单位处工程合同价款0.5%以上1%以下的罚款；可以责令停业整顿，降低资质等级；情节严重的，吊销资质证书。

——**易混淆点：**施工单位允许其他单位或者个人以本单位名义承揽工程的；施工单位超越本单位资质等级承揽工程的

采分点 34：《建设工程质量管理条例》规定，施工单位未对建筑材料、建筑构配件、设备和商品混凝土进行检验，或者未对涉及结构安全的试块、试件及有关材料取样检测的，责令改正，处<u>10万元以上20万元以下</u>的罚款；情节严重的，责令停业整顿，降低资质等级或者吊销资质证书；造成损失的，依法承担赔偿责任。

——**易混淆点**：5万元以上10万元以下；1万元以上5万元以下

采分点35：《建设工程质量管理条例》规定，施工单位不履行保修义务或者拖延履行保修义务的，责令改正，处10万元以上20万元以下的罚款，并对在保修期内因质量缺陷造成的损失承担赔偿责任。

——**易混淆点**：5万元以上10万元以下；1万元以上5万元以下

采分点36：《建设工程质量管理条例》第三十六条规定，建设工程监理应当依照法律、行政法规及有关的技术标准、设计文件和建设工程承包合同，代表建设单位对施工质量实施监理，并对其承担监理责任。

——**易混淆点**：施工方案；建设工期；建设资金使用

采分点37：《建设工程质量管理条例》规定，监理工程师应当按照工程监理规范的要求，采取旁站、巡视和平行检验等形式，对建设工程实施监理。

——**易混淆点**：检查、验收和工地会议；检查、验收和主动控制；目标控制、合同管理和组织协调

采分点38：《建设工程质量管理条例》规定，工程监理单位应当选派具备相应资格的总监理工程师和监理工程师进驻施工现场，未经监理工程师签字，建筑材料、建筑构配件和设备不得在工程上使用或安装，施工单位不得进行下一道工序的施工；未经总监理工程师签字，建设单位不拨付工程款，不进行工程竣工验收。（2010年考试涉及）

——**易混淆点**：建筑材料进场；建筑设备安装；隐蔽工程验收

采分点39：根据《建设工程质量管理条例》的规定，工程监理单位超越本单位资质等级承揽工程的，责令停止违法行为，对工程监理单位处合同约定的监理酬金1倍以上2倍以下的罚款；可以责令停业整顿，降低资质等级；情节严重的，吊销资质证书；有违法所得的，予以没收。

——**易混淆点**：合同约定的监理酬金25%以上50%以下；50万元以上100万元以下；5万元以上10万元以下

采分点 40：《建设工程质量管理条例》规定，工程监理单位允许其他单位或者个人以本单位名义承揽工程的，责令改正，没收违法所得，并对工程监理单位处合同约定的监理酬金 1 倍以上 2 倍以下的罚款；可以责令停业整顿，降低资质等级；情节严重的，吊销资质证书。

——**易混淆点**：转让工程监理业务的；与建设单位或者施工单位串通，弄虚作假、降低工程质量的

采分点 41：《建设工程质量管理条例》规定，工程监理单位将不合格的建设工程、建筑材料、建筑构配件和设备按照合格签字的，责令改正，并处 50 万元以上 100 万元以下的罚款，降低资质等级或者吊销资质证书；有违法所得的，予以没收；造成损失的，承担连带赔偿责任。

——**易混淆点**：20 万元以上 50 万元以下；100 万元以上 150 万元以下

采分点 42：《建设工程质量管理条例》规定，监理工程师因过错造成质量事故的，责令停止执业 1 年。

——**易混淆点**：2 年；3 年；5 年

采分点 43：《建设工程质量管理条例》规定，监理工程师因过错造成重大质量事故的，吊销执业资格证书，5 年以内不予注册。

——**易混淆点**：3 年；6 年

采分点 44：《建设工程质量管理条例》规定，监理工程师因过错造成重大质量事故，情节特别恶劣的，终身不予注册。

——**易混淆点**：5 年内；8 年内

采分点 45：建设工程质量保修是指建设工程竣工验收后在保修期限内出现的质量缺陷（或质量问题），由施工单位依照法律规定或合同约定予以修复。

——**易混淆点**：设计单位；建设单位

采分点 46：《建设工程质量管理条例》第三十九条第二款规定，建设工程承包单位在向建设单位提交竣工验收报告时，应向建设单位出具质量保修书。（2010、2005 年考

试涉及）

——**易混淆点**：质量保证书；质量维修书；质量保函

采分点 47：《建设工程质量管理条例》第四十条规定，基础设施工程、房屋建筑的地基基础工程和主体结构工程的最低保修期限为<u>设计文件规定的该工程的合理使用年限</u>。

——**易混淆点**：设计文件规定的该工程的最低使用年限；10 年；20 年

采分点 48：《建设工程质量管理条例》第四十条规定，屋面防水工程、有防水要求的卫生间、房间和外墙面的防渗漏，最低保修期限为<u>5 年</u>。

——**易混淆点**：3 年；4 年；6 年

采分点 49：《建设工程质量管理条例》第四十条规定，供暖系统的最低保修期限为<u>2 个采</u>暖期。（2008、2006 年考试涉及）

——**易混淆点**：1 个；3 个；4 个

采分点 50：《建设工程质量管理条例》第四十条规定，电气管线、给排水管道、设备安装和装修工程的最低保修期限为<u>2 年</u>。（2005 年考试涉及）

——**易混淆点**：3 年；4 年；5 年

采分点 51：《房屋建筑工程质量保修办法》中规定的不属于保修范围的情况包括：①因使用不当造成的质量缺陷；②第三方造成的质量缺陷；③<u>不可抗力造成的质量缺陷</u>。

——**易混淆点**：保修期内施工造成的质量缺陷

采分点 52：建设工程在保修范围和保修期限内发生质量问题的，施工单位应当履行保修义务，并对造成的损失承担赔偿责任。对于保修费用，由<u>质量缺陷的责任方</u>承担。（2007 年考试涉及）

——**易混淆点**：施工单位；建设单位；修理方

采分点 53：《建设工程质量保证金管理暂行办法》规定，由于承包人原因导致工程无法按规定期限进行竣（交）工验收的，保修期应当从<u>实际通过竣（交）工验收之日</u>

起计算。（2009 年考试涉及）

—— **易混淆点**：提交竣（交）工验收报告之日；工程实际使用之日

采分点 54：《建设工程质量保证金管理暂行办法》规定，由于发包人原因导致工程无法按规定期限进行竣（交）工验收的，保修期应当从承包人提交竣（交）工验收报告 90 天后，工程自动进入缺陷责任期。（2009 年考试涉及）

—— **易混淆点**：实际通过竣（交）工验收之日；工程实际使用之日

采分点 55：《建设工程质量保证金管理暂行办法》规定，缺陷责任期一般为 6 个月、12 个月或 24 个月，具体可由发、承包双方在合同中约定。

—— **易混淆点**：3 个月；9 个月；15 个月

采分点 56：《建设工程质量保证金管理暂行办法》规定，全部或者部分使用政府投资的建设项目，按工程价款结算总额 5%左右的比例预留保证金。

—— **易混淆点**：8%；10%；15%

采分点 57：《建设工程质量保证金管理暂行办法》规定，发包人在接到承包人返还保证金申请后，应于 14 日内会同承包人按照合同约定的内容进行核实。如无异议，发包人应当在核实后 14 日内将保证金返还给承包人；逾期支付的，从逾期之日起，按照同期银行贷款利率计付利息，并承担违约责任。

—— **易混淆点**：20 日，20 日；25 日，25 日

采分点 58：《建设工程质量管理条例》规定，勘察、设计单位必须按照工程建设强制性标准进行勘察、设计，并对其勘察、设计的质量负责。注册执业人员应当在设计文件上签字，对设计文件负责。（2007 年考试涉及）

—— **易混淆点**：单位负责人；勘察人、设计人；项目负责人

采分点 59：《建设工程质量管理条例》规定，设计单位应当根据勘察成果文件进行建设工程设计。

—— **易混淆点**：国家的强制性法律、法规；总结的经验、技术

采分点 60：《建设工程质量管理条例》规定，设计文件应当符合国家规定的设计深度要求，并注明工程的<u>合理</u>使用年限。

　　——**易混淆点：** 最短；最长；法定

采分点 61：《建设工程质量管理条例》规定，<u>除有特殊要求的建筑材料、专用设备和工艺生产线等外</u>，设计单位不得指定生产厂或供应商。（2007 年考试涉及）

　　——**易混淆点：** 建设单位有特殊要求；建设单位申请使用；施工单位申请使用且质量合乎要求

采分点 62：《建设工程质量管理条例》第二十三条规定，设计单位应当就审查合格的施工图设计文件向<u>施工单位</u>做出详细说明。

　　——**易混淆点：** 监理单位；质量监督机构；建设单位

采分点 63：《建设工程质量管理条例》规定，勘察、设计单位超越本单位资质等级承揽工程的，责令停止违法行为，对勘察、设计单位处合同约定的勘察费、设计费 <u>1 倍以上 2 倍以下</u>的罚款；可以责令停业整顿，降低资质等级；情节严重的，吊销资质证书；有违法所得的，予以没收。

　　——**易混淆点：** 25% 以上 50% 以下；2 倍以上 3 倍以下

采分点 64：《建设工程质量管理条例》规定，<u>勘察、设计单位允许其他单位或者个人以本单位名义承揽工程的</u>，责令改正，没收违法所得，对勘察、设计单位处合同约定的勘察费、设计费 1 倍以上 2 倍以下的罚款；可以责令停业整顿，降低资质等级；情节严重的，吊销资质证书。

　　——**易混淆点：** 承包单位将承包的工程转包或者违法分包的

采分点 65：《建设工程质量管理条例》规定，注册建筑师、注册结构工程师等注册执业人员因过错造成质量事故的，责令停止执业 <u>1 年</u>。

　　——**易混淆点：** 2 年；3 年

采分点 66：《建设工程质量管理条例》规定，注册建筑师、注册结构工程师等注册执业人员因过错造成重大质量事故的，吊销执业资格证书，<u>5 年</u>以内不予注册；情节特别恶劣的，<u>终身</u>不予注册。

——**易混淆点**：6 年，10 年；7 年，12 年

采分点 67：《建设工程质量管理条例》规定，设计单位指定建筑材料、建筑构配件的生产厂或供应商的；设计单位<u>未按照工程建设强制性标准进行勘察、设计的</u>，应责令改正，处 10 万元以上 30 万元以下的罚款。

——**易混淆点**：未向建设行政主管部门或者其他有关部门移交建设项目档案的

采分点 68：《建设工程质量管理条例》规定，建设工程质量必须实行<u>政府</u>监督管理。（2007 年考试涉及）

——**易混淆点**：建设单位；工商行政管理部门

采分点 69：《建设工程质量管理条例》规定，政府实行建设工程质量监督的主要目的是<u>保证建设工程使用安全和环境质量</u>。

——**易混淆点**：保证质量事故杜绝发生；保证建设资金的合理使用；保证质量责任落实到位

采分点 70：《建设工程质量管理条例》规定，政府实行建设工程质量监督的主要方式是<u>政府认可的第三方强制监督</u>。

——**易混淆点**：依建设单位申请，再委托第三方进行监督；政府主管部门直接进行强制监督；由行业协会进行的强制监督

采分点 71：《建设工程质量管理条例》规定，政府实行建设工程质量监督的主要手段是<u>施工许可制度和竣工验收备案制度</u>。（2009、2007 年考试涉及）

——**易混淆点**：行政审批制度；竣工验收制度；质量考核与抽查制度；工程质量保修制度

采分点 72：建设工程质量监督管理制度具有<u>权威性和综合性</u>。

——**易混淆点**：强制性；宏观性；指导性

采分点 73： 工程质量监督管理的主体是<u>各级政府建设行政主管部门和其他有关部门</u>。

    ——**易混淆点：** 建设单位；监理单位；设计单位

采分点 74：《建设工程质量管理条例》第四十三条第二款规定，<u>国务院建设行政主管部门</u>对全国的建设工程质量实施统一的监督管理。（2007 年考试涉及）

    ——**易混淆点：** 国务院；国务院发展与改革委员会；国务院质量技术监督部门

采分点 75： 建设行政主管部门、国家发展与改革委员会和<u>工程质量监督机构</u>属于我国工程质量监督管理部门。（2006 年考试涉及）

    ——**易混淆点：** 工程监理单位

采分点 76：《建设工程质量管理条例》规定，政府有关主管部门在履行监督检查职责时，有权采取的措施有：①要求被检查的单位提供有关工程质量的文件和资料；②进入被检查的施工现场进行检查；③<u>发现有影响工程质量的问题时，责令改正</u>。（2007 年考试涉及）

    ——**易混淆点：** 发现质量问题时，查封被检查单位的文件和资料；对发现质量问题的现场进行<u>查封检查</u>

采分点 77： 政府部门主要对建设工程质量监督机构进行<u>业务指导和管理</u>。

    ——**易混淆点：** 具体工程质量监督

采分点 78： 根据建设部《关于建设工程质量监督机构深化改革的指导意见》的有关规定，工程质量监督机构是<u>经省级以上</u>建设行政主管部门或有关专业部门考核认定的具有独立法人资格的单位。

    ——**易混淆点：** 县级以上；地、市级以上；国务院

采分点 79： 根据建设部《关于建设工程质量监督机构深化改革的指导意见》的有关规定，建设工程质量监督机构的主要任务包括：①根据政府主管部门的委托，受理建设工程项目质量监督；②制订质量监督工作方案；③检查施工现场工程建设各方主体的质量行为；④检查建设工程的实体质量；⑤<u>监督工程竣工验收</u>；⑥向委托部门报送建设工程质量监督报告；⑦对预制建筑构件和商品混凝土的质量进行监督；⑧受委托部门委托，按规定收取工程质量监督费；⑨政府主管部门

委托的工程质量监督管理的其他工作。

——**易混淆点**：组织工程竣工验收

采分点 80：根据建设部《关于建设工程质量监督机构深化改革的指导意见》的有关规定，建设工程质量监督机构制订质量监督工作方案具体包括：①确定负责该项工程的质量监督工程师和助理质量监督工程师；②根据有关法律、法规和工程建设强制性标准，针对工程特点，明确监督的具体内容和监督方式；③<u>在方案中对地基基础、主体结构和其他涉及结构安全的重要部位和关键工序，做出实施监督的详细计划安排</u>；④建设工程质量监督机构应将质量监督工作方案通知建设、勘察、设计、施工和监理单位。

——**易混淆点**：监督建设单位组织的工程竣工验收的组织形式、验收程序，以及在验收过程中提供的有关资料和形成的质量评定文件是否符合有关规定

采分点 81：根据建设部《关于建设工程质量监督机构深化改革的指导意见》的有关规定，建设工程质量监督机构检查施工现场工程建设各方主体的质量行为主要包括：①核查施工现场工程建设各方主体及有关人员的资质或资格；②检查勘察、设计、施工和监理单位的质量保证体系和质量责任制落实情况；③<u>检查有关质量文件及技术资料是否齐全并符合规定</u>。

——**易混淆点**：对用于工程的主要建筑材料和构配件的质量进行抽查

采分点 82：《建设工程质量管理条例》规定，工程竣工验收后 <u>5 日</u>内，应向委托部门报送建设工程质量监督报告。

——**易混淆点**：3 日；7 日；15 日

采分点 83：建设工程质量监督报告应包括：①对地基基础和主体结构质量检查的结论；②工程竣工验收的程序、内容和质量检验评定是否符合有关规定；③<u>历次抽查该工程发现的质量问题和处理情况等内容</u>。

——**易混淆点**：对预制建筑构件和商品混凝土的质量进行监督的内容

采分点 84：《建设工程质量管理条例》规定，建设单位应当自建设工程竣工验收合格之日起 <u>15 日</u>内，将建设工程竣工验收报告和规划、公安消防、环保等部门出具的

认可文件或者准许使用文件报建设行政主管部门或者其他有关部门备案。（2009、2007 年考试涉及）

——**易混淆点**：30 日；45 日；60 日

采分点 85：《建设工程质量管理条例》规定，自工程竣工验收合格之日起 <u>15 日</u>内未办理工程竣工验收备案的，由建设行政主管部门或者其他有关部门按照有关规定予以行政处罚。（2007 年考试涉及）

——**易混淆点**：10 日；20 日；30 日

采分点 86：《建设工程质量管理条例》规定，建设工程发生质量事故后，有关单位应当<u>在 24 小时内</u>向当地建设行政主管部门或者其他有关部门报告。（2007 年考试涉及）

——**易混淆点**：立即；在 12 小时内；在 48 小时内

采分点 87：《建设工程质量管理条例》规定，发生重大工程质量事故隐瞒不报、谎报或者拖延报告期限的，对直接负责的主管人员和其他责任人员依法给予<u>行政处分</u>。

——**易混淆点**：行政处罚

第 12 章

产品质量法（2Z201120）

【重点提示】

2Z201121　掌握生产者的产品质量责任和义务
2Z201122　掌握销售者的产品质量责任和义务

【采分点精粹】

采分点 1：在中华人民共和国境内从事产品<u>生产和销售</u>活动，必须遵守《中华人民共和国产品质量法》。

　　——**易混淆点**：进口；加工

采分点 2：按照《中华人民共和国产品质量法》的规定，在工程施工活动中，施工单位<u>自有的建筑材料、建筑构配件和设备</u>不属于产品质量法所指的产品。（2009 年考试涉及）

　　——**易混淆点**：购买的电气材料；购买的塔吊设备；商品混凝土

采分点 3：建筑材料、建筑构配件和设备的供应商应承担的责任和义务包括：为产品质量负责的义务、<u>确保标识规范的义务</u>、确保包装质量合格的义务和其他禁止性义务。

　　——**易混淆点**：进货检验的义务

采分点 4：《产品标识与标注规定》规定，产品或者其包装上的标识必须真实，对所有产品或者包装上的标识均要求有<u>中文标明的产品名称、生产厂厂名和厂址</u>。（2009 年考试涉及）

　　——**易混淆点**：必须有中英文标明的产品名称、生产厂厂名和厂址；在显著位

置标明生产日期和安全使用期或失效日期；有警示标志或者中英文警示说明

采分点 5：《产品标识与标注规定》规定，<u>裸装的食品</u>和其他根据产品的特点难以附加标识的裸装产品，可以不附加产品标识。

——**易混淆点**：易碎产品；有腐蚀性的产品

采分点 6：销售者是指销售商品或者委托他人销售商品的单位和个人，其对产品质量承担的责任和义务包括：进货检验的义务、<u>保持产品质量的义务</u>、确保标识规范的义务和其他禁止性义务。

——**易混淆点**：确保包装质量合格的义务

采分点 7：《中华人民共和国产品质量法》规定，销售者应当建立并执行进货检查验收制度，验明<u>产品合格证明</u>和其他标识。

——**易混淆点**：进货发票；生产许可证

第 *13* 章

标准化法（2Z201130）

【重点提示】

2Z201131　掌握工程建设强制性标准的实施

2Z201132　熟悉工程建设标准的分类

【采分点精粹】

采分点 1：《中华人民共和国标准化法》自 <u>1989 年 4 月 1 日</u>起施行。

——**易混淆点：**1987 年 5 月 1 日；1992 年 6 月 1 日

采分点 2：《中华人民共和国标准化法》分为 <u>5 章，共 26 条</u>，分别对标准的制定和实施做出了规定。

——**易混淆点：**4 章，共 30 条；6 章，共 35 条

采分点 3：<u>《工程建设标准强制性条文》</u>对设计、施工人员来说，是设计和施工时必须绝对遵守的技术法规；对监理人员来说，是实施工程监理时首先要进行监理的内容；对政府监督人来说，是重要的、可操作的处罚依据。（2007 年考试涉及）

——**易混淆点：**《工程建设通用标准》；《工程建设强制标准》；《工程建设标准实用指南》

采分点 4：建设项目施工单位拟采用的新技术不符合现行强制性标准的规定的，应当由拟采用单位提请建设单位组织专题技术论证，并报批准标准的建设行政主管部门或者国务院有关主管部门审定。（2010 年考试涉及）

——**易混淆点：**监理单位；设计单位

采分点 5：工程建设中采用国际标准或者国外标准，现行强制性标准未做规定的，<u>建设单位</u>应当向国务院建设行政主管部门或者国务院有关行政主管部门备案。

　　——**易混淆点**：<u>监理单位；施工单位；质量监督机构</u>

采分点 6：《实施工程建设强制性标准监督规定》规定，建设项目规划审查机关应当对工程建设规划阶段执行强制性标准的情况实施监督。

　　——**易混淆点**：勘察、设计阶段；施工阶段；监理阶段

采分点 7：《实施工程建设强制性标准监督规定》规定，<u>施工图设计审查单位</u>应当对工程建设勘察、设计阶段执行强制性标准的情况实施监督。

　　——**易混淆点**：建设项目规划审查机关；建筑安全监督管理机构；工程质量监督机构

采分点 8：《实施工程建设强制性标准监督规定》规定，建筑安全监督管理机构应当对工程建设<u>施工阶段</u>执行施工安全强制性标准的情况实施监督。

　　——**易混淆点**：规划阶段；勘察阶段；设计阶段

采分点 9：《实施工程建设强制性标准监督规定》规定，工程建设强制性标准的解释由<u>工程建设标准批准部门</u>负责，有关标准具体技术内容的解释，可以委托该标准的编制管理单位负责。（2010 年考试涉及）

　　——**易混淆点**：国家质量监督检验检疫总局；国务院建设行政主管部门；省级人民政府建设行政主管部门

采分点 10：工程建设标准批准部门应当对工程项目执行强制性标准情况进行监督检查，监督检查可以采取<u>重点检查、抽查或专项检查</u>的方式。

　　——**易混淆点**：平行检查

采分点 11：工程建设标准批准部门应当将强制性标准监督检查结果<u>在一定范围内公告</u>。

　　——**易混淆点**：在全部范围内保密；在全部范围内公告

采分点 12：强制性标准监督检查的内容包括：①<u>有关工程技术人员是否熟悉并掌握强制性</u>

标准；②工程项目的规划、勘察、设计、施工和验收等是否符合强制性标准的规定；③工程项目采用的材料及设备是否符合强制性标准的规定；④工程项目的安全和质量是否符合强制性标准的规定；⑤工程中采用的导则、指南、手册和计算机软件的内容是否符合强制性标准的规定。

　　——**易混淆点**：建设项目法人的行为是否符合强制性标准的规定

采分点 13：《中华人民共和国标准化法》按照标准的<u>级别</u>，把标准分为国家标准、行业标准、地方标准和企业标准。

　　——**易混淆点**：适用范围；性质；分类原则

采分点 14：对因质量要求不明确而产生纠纷时，首先应按照<u>国家标准</u>履行。（2008 年考试涉及）

　　——**易混淆点**：通常标准；符合合同目的特定标准；地方标准

采分点 15：由国务院建设、铁路、交通和水利等行政主管部门各自审批、编号和发布的标准，属于<u>行业标准</u>。（2010 年考试涉及）

　　——**易混淆点**：国家标准；地方标准；企业标准

采分点 16：《中华人民共和国标准化法》第六条规定，对没有国家标准而又需要在全国某个行业范围内统一的技术要求，可以制定<u>行业标准</u>。

　　——**易混淆点**：地方标准；企业标准

采分点 17：《中华人民共和国标准化法》第六条规定，对没有国家标准和行业标准而又需要在省、自治区、直辖市范围内统一的工业产品的安全和卫生要求，可以制定<u>地方标准</u>。

　　——**易混淆点**：企业标准

采分点 18：我国工程建设标准根据<u>标准的约束性</u>可分为强制性标准和推荐性标准。（2005 年考试涉及）

　　——**易混淆点**：标准的内容；标准的属性；标准的等级

采分点 19： 我国工程建设标准根据内容可划分为<u>设计标准、施工及验收标准和建设定额</u>。（2006 年考试涉及）

——**易混淆点：** 强制性标准；工作标准

采分点 20： 根据《工程建设国家标准管理办法》第三条的规定，工程建设勘察、规划、设计、施工（包括安装）及验收等通用的综合标准和重要的通用质量标准属于<u>强制性标准</u>。

——**易混淆点：** 推荐性标准；行业标准；技术标准

采分点 21： 根据《工程建设国家标准管理办法》第三条的规定，工程建设重要的通用试验、检验和评定方法等标准；<u>工程建设通用的术语、符号、代号、量与单位、建筑模数和制图方法标准</u>属于工程建设国家标准中的强制性标准。（2007 年考试涉及）

——**易混淆点：** 工程建设特殊的；工程建设重要的

采分点 22： 工程建设行业标准中属于强制性标准的有：①工程建设勘察、规划、设计、施工（包括安装）及验收等行业专用的综合性标准和重要的行业专用的质量标准；②工程建设行业专用的有关安全、卫生和环境保护的标准；③工程建设重要的行业专用的术语、符号、代号、量与单位和制图方法等标准；④工程建设重要的行业专用的试验、检验和评定方法等标准；⑤<u>工程建设重要的行业专用的信息技术标准</u>；⑥行业需要控制的其他工程建设标准。

——**易混淆点：** 工程建设行业专用的质量标准；工程建设行业专用的制图方法标准；工程建设行业专用的信息技术标准

第 **14** 章

环境保护法（2Z201140）

【重点提示】

2Z201141 掌握建设工程项目的环境影响评价制度

2Z201142 掌握环境保护"三同时"制度

2Z201143 熟悉水、大气、噪声和固体废物环境污染防治

【采分点精粹】

采分点 1： 环境保护法有广义和狭义之分。狭义的环境保护法是指 <u>《中华人民共和国环境保护法》</u>。

——**易混淆点：**《中华人民共和国环境影响评价法》;《大气污染防治法》;《固体废物污染环境防治法》

采分点 2： 为了实施可持续发展战略，预防因规划和建设项目实施后对环境造成不良影响，促进经济、社会和环境的协调发展，在国务院 <u>《建设项目环境保护管理条例》</u> 已有规定的基础上，我国于 2002 年 10 月 28 日公布了《中华人民共和国环境影响评价法》，进一步以法律的形式确立了环境影响评价制度。

——**易混淆点：**《中华人民共和国环境保护法》

采分点 3：《中华人民共和国环境影响评价法》规定，对建设项目环境可能造成重大环境影响的，应当编制 <u>环境影响报告书</u>，对产生的环境影响进行全面评价。（2007 年考试涉及）

——**易混淆点：** 环境影响报告表；环境影响报告单；环境影响登记表

采分点 4：《中华人民共和国环境影响评价法》规定，对建设项目环境可能造成轻度环境影响的，应当编制 <u>环境影响报告表</u>，对产生的环境影响进行分析或者专项评价。

（2007 年考试涉及）

——**易混淆点**：环境影响报告书；环境影响报告单；环境影响登记表

采分点 5：《中华人民共和国环境影响评价法》规定，涉及水土保持的建设项目除按要求编制建设项目的环境影响报告书外，还必须取得经由水土行政主管部门审查同意的水土保持方案。（2007 年考试涉及）

——**易混淆点**：水土安全规划；水土利用方案；水土利用标准

采分点 6：《中华人民共和国环境影响评价法》规定，对建设项目环境影响很小，不需要进行环境影响评价的，应当填报环境影响登记表。（2007 年考试涉及）

——**易混淆点**：环境影响报告书；环境影响报告单；环境影响报告表

采分点 7：《中华人民共和国环境影响评价法》规定，建设项目的环境影响评价文件经批准后，建设项目的性质、规模、地点、采用的生产工艺或者防治污染、防止生态破坏的措施发生重大变动的，建设单位应当重新报批建设项目的环境影响评价文件。

——**易混淆点**：特点；范围

采分点 8：《中华人民共和国环境影响评价法》规定，建设项目的环境影响评价文件自批准之日起超过 5 年，方决定该项目开工建设的，其环境影响评价文件应当报原审批部门重新审核。（2007 年考试涉及）

——**易混淆点**：2 年；3 年；4 年

采分点 9：《中华人民共和国环境影响评价法》规定，从事建设项目环境影响评价工作的单位，必须取得国务院环境保护行政主管部门颁发的资格证书，按照资格证书规定的等级和范围，从事建设项目环境影响评价工作，并对评价结论负责。（2007 年考试涉及）

——**易混淆点**：国务院建设行政主管部门；国务院发展与改革委员会；省级环境保护行政主管部门

采分点 10：环境保护的"三同时"制度是指建设项目需要配套建设的环境保护设施，必须

与主体工程同时设计、同时施工、同时投产使用。（2010、2009、2006、2005 年考试涉及）

——**易混淆点**：同时设计、同时施工、同时竣工验收；同时论证、同时评价、同时投资；同时投资、同时施工、同时评价

采分点 11：《中华人民共和国环境影响评价法》规定，环境保护行政主管部门应当自收到环境保护设施竣工验收申请之日起 30 日内，完成验收。（2007 年考试涉及）

——**易混淆点**：竣工结论；建设项目竣工验收合格证书

采分点 12：《中华人民共和国环境影响评价法》规定，需要进行试生产的建设项目，建设单位应当自建设项目投入试生产之日起 3 个月内，向审批环境影响评价文件的环境保护行政主管部门申请该建设项目需要配套建设的环境保护设施竣工验收。（2007 年考试涉及）

——**易混淆点**：4 个月；5 个月；6 个月

采分点 13：《中华人民共和国环境影响评价法》规定，分期建设、分期投入生产或者使用的建设项目，其相应的环境保护设施应当分期验收。（2007 年考试涉及）

——**易混淆点**：最终一次性；同时；分阶段

采分点 14：《中华人民共和国水污染防治法》规定，在生活饮用水源地、风景名胜区水体、重要渔业水体和其他有特殊经济文化价值的水体保护区内，不得新建排污口。

——**易混淆点**：自然保护区水体；重要生态功能区水体

采分点 15：《中华人民共和国水污染防治法》规定，禁止向水体排放油类、酸液、碱液和剧毒废液。（2009 年考试涉及）

——**易混淆点**：含低放射性物质的废水

采分点 16：《中华人民共和国水污染防治法》规定，存放可溶性剧毒废渣的场所，必须采取防水、防渗漏、防流失的措施。

——**易混淆点**：防阳光；防毒气；防蒸发

采分点 17：《中华人民共和国水污染防治法》规定，禁止向水体排放或倾倒<u>废渣、城市垃圾</u>和其他废弃物。

    ——**易混淆点：**含热废水；含病原体的污水

采分点 18：根据《中华人民共和国水污染防治法》的规定，含病原体的污水<u>经过消毒处理符合国家有关标准后可以排放</u>。

    ——**易混淆点：**禁止排放

采分点 19：根据《中华人民共和国水污染防治法》的规定，在开采多层地下水时，如果各含水层的水质差异大，应当<u>分层</u>开采。

    ——**易混淆点：**混合；串层；禁止

采分点 20：《中华人民共和国大气污染防治法》规定，向大气排放粉尘的排污单位，<u>必须</u>采取除尘措施。

    ——**易混淆点：**应该；可以

采分点 21：《中华人民共和国大气污染防治法》规定，在人口集中地区和其他依法需要特殊保护的区域内，<u>禁止焚烧沥青、油毡、橡胶、塑料、皮革、垃圾，以及其他产生有毒有害烟尘和恶臭气体的物质</u>。

    ——**易混淆点：**向大气排放粉尘；使用产生恶臭气体的物质

采分点 22：《中华人民共和国环境噪声污染防治法》中与工程建设有关的噪声是指<u>建筑施工噪声和交通运输噪声</u>。

    ——**易混淆点：**工业生产噪声；社会服务噪声；社会生活噪声

采分点 23：《中华人民共和国环境噪声污染防治法》规定，在城市市区范围内，建筑施工过程中使用机械设备可能产生环境噪声污染的，施工单位须在工程开工 <u>15 日</u>以前申报该工程的项目名称、施工场所和期限、可能产生的环境噪声值，以及所采取的环境噪声污染防治措施的情况。（2010、2007 年考试涉及）

    ——**易混淆点：**10 日；5 日

采分点 24：《中华人民共和国环境噪声污染防治法》规定，在城市市区范围内，建筑施工过程中使用机械设备，可能产生环境噪声污染的，施工单位须向工程所在地<u>县级以上地方人民政府环境保护行政主管部门</u>申报该工程的项目名称、施工场所和期限、可能产生的环境噪声值，以及所采取的环境噪声污染防治措施的情况。（2008 年考试涉及）

　　　　——**易混淆点**：居民委员会或街道办；建设行政主管部门；安全生产行政主管部门

采分点 25：《中华人民共和国环境噪声污染防治法》规定，在城市市区噪声敏感建筑物集中区域内，禁止夜间进行<u>产生环境噪声污染的建筑施工作业</u>。（2008 年考试涉及）

　　　　——**易混淆点**：抢修或抢险作业；因生产工艺上要求必须连续工作的作业；因特殊需要必须连续工作的作业

采分点 26：《中华人民共和国环境噪声污染防治法》规定，在城市市区噪声敏感建筑物集中区域内，因特殊需要必须连续作业的，必须<u>有县级以上人民政府或者其有关主管部门的证明</u>，并公告附近居民。（2008 年考试涉及）

　　　　——**易混淆点**：向所在地居民委员会或街道申请

采分点 27：《中华人民共和国环境噪声污染防治法》规定，建设经过已有的<u>噪声敏感建筑物集中区域</u>的高速公路和城市高架、轻轨道路，有可能造成环境噪声污染的，应当设置声屏障或者采取其他有效的控制环境噪声污染的措施。

　　　　——**易混淆点**：建筑物集中区域；噪声敏感建筑物

采分点 28：《固体废物污染环境防治法》规定，收集、贮存、运输、利用或处置固体废物的单位和个人，必须采取<u>防扬散、防流失、防渗漏</u>或者其他防止污染环境的措施。不得在运输过程中沿途丢弃、遗撒固体废物。

　　　　——**易混淆点**：防潮湿；防冻

采分点 29：施工过程中产生的污染环境固体废弃物可暂时存放在下图中的<u>作业区②</u>区域。（2008 年考试涉及）

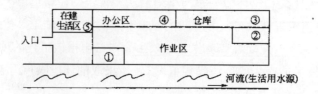

——**易混淆点**：作业区①；办公区④；在建生活区⑤

采分点 30：《固体废物污染环境防治法》规定，转移固体废物出省、自治区、直辖市行政区域贮存、处置的，应当向固体废物移出地的省级人民政府环境保护行政主管部门报告，并经固体废物接受地的省级人民政府环境保护行政主管部门许可。（2007 年考试涉及）

——**易混淆点**：移入地；途经地；接受地

采分点 31：根据《固体废物污染环境防治法》的规定，施工过程中产生的废弃硫酸容器应该单独存放并做好标识。（2008 年考试涉及）

——**易混淆点**：可以与其他固体废弃物统一存放并做好安全性处置；可以与施工原材料统一存放到仓库中；可以直接回填在基坑内

采分点 32：《固体废物污染环境防治法》规定，在转移危险废物时，必须按照国家有关规定填写危险废物转移联单，并向危险废物移出地和接受地的县级以上地方人民政府环境保护行政主管部门报告。

——**易混淆点**：移出地；接受地；途经地

采分点 33：《固体废物污染环境防治法》规定，收集、储存、运输或处置危险废物的场所、设施设备和容器、包装物和其他物品转做他用时，必须经过消除污染的处理方可使用。（2007 年考试涉及）

——**易混淆点**：无害化；减轻污染；再生利用

【重点提示】

2Z201151　掌握民用建筑节能的有关规定
2Z201152　熟悉建设工程项目的节能管理
2Z201153　了解建设工程节能的规定

【采分点精粹】

采分点 1：《中华人民共和国节约能源法》中所指的节能，是指加强用能管理，采取技术上可行、经济上合理，以及环境和社会可以承受的措施，减少从能源生产到消费各个环节中的损失和浪费，更加有效、合理地利用能源。

　　　　——**易混淆点**：能源开采到消费；能源消费到回收

采分点 2：为了推进全社会节约能源，提高能源利用效率和经济效益，保护环境，保障国民经济和社会的发展，满足人民生活需要，我国于 1997 年 11 月 1 日发布了《中华人民共和国节约能源法》，并自 1998 年 1 月 1 日起开始实施。

　　　　——**易混淆点**：5 月 1 日；7 月 1 日

采分点 3：国家推广使用民用建筑节能的新技术、新工艺、新材料和新设备，限制使用或者禁止使用能源消耗高的技术、工艺、材料和设备。国务院节能工作主管部门及建设主管部门应当制定、公布并及时更新推广使用、限制使用和禁止使用的目录。

　　　　——**易混淆点**：机关事务管理部门

采分点 4：城乡规划主管部门依法对民用建筑进行规划审查，应当就设计方案是否符合民用建筑节能强制性标准征求同级建设主管部门的意见。

——**易混淆点**：节能规划方案；施工方案

采分点 5：《民用建筑节能条例》规定，施工图设计文件审查机构应当按照民用建筑节能强制性标准对施工图设计文件进行审查；经审查不符合民用建筑节能强制性标准的，**县级以上**地方人民政府建设主管部门不得颁发施工许可证。（2009 年考试涉及）

——**易混淆点**：省级以上；国务院

采分点 6：《民用建筑节能条例》规定，按照合同约定由建设单位采购墙体材料、保温材料、门窗、采暖制冷系统和照明设备的，建设单位应当保证其符合**施工图设计文件**的要求。

——**易混淆点**：国家标准；企业标准；施工单位

采分点 7：《民用建筑节能条例》规定，房地产开发企业在出售商品房时，应向购买人明示所售商品房的**能源消耗指标、节能措施、保护要求和保温工程保修期**等信息，并在商品房买卖合同和住宅质量保证书及住宅使用说明书中载明。

——**易混淆点**：保温材料

采分点 8：《民用建筑节能条例》规定，施工单位应当对进入施工现场的墙体材料、保温材料、门窗、采暖制冷系统和照明设备进行查验；不符合**施工图设计文件**要求的，不得使用。

——**易混淆点**：设计方案；工程施工合同

采分点 9：《民用建筑节能条例》规定，施工期间未经**监理工程师**签字，墙体材料、保温材料、门窗、采暖制冷系统和照明设备不得在建筑上使用或者安装，施工单位不得进行下一道工序的施工。

——**易混淆点**：设计师；项目经理；材料员

采分点 10：《民用建筑节能条例》规定，既有建筑节能改造是指对不符合民用建筑节能强制性标准的既有建筑的**围护结构、供热系统、采暖制冷系统、照明设备和热水供应设施**等实施节能改造的活动。

——易混淆点：外门窗结构

采分点 11： 实施既有建筑节能改造，应当符合民用建筑节能强制性标准，优先采用<u>遮阳、改善通风</u>等低成本改造措施。

　　　　——**易混淆点：**外墙保温和屋面保温；分户计量供暖系统

采分点 12：《民用建筑节能条例》规定，<u>建设单位明示或者暗示设计单位、施工单位违反民用建筑节能强制性标准进行设计、施工的</u>，由县级以上地方人民政府建设主管部门责令改正，并处 20 万元以上 50 万元以下的罚款。

　　　　——**易混淆点：**对不符合民用建筑节能强制性标准的民用建筑项目出具竣工验收合格报告的

采分点 13：《民用建筑节能条例》规定，建设单位明示或者暗示施工单位使用不符合施工图设计文件要求的墙体材料、保温材料、门窗、采暖制冷系统和照明设备的，由县级以上地方人民政府建设主管部门责令改正，并处 <u>20 万元以上 50 万元以下</u>的罚款。

　　　　——**易混淆点：**10 万元以上 20 万元以下；50 万元以上 80 万元以下

采分点 14：《民用建筑节能条例》规定，建设单位<u>对不符合民用建筑节能强制性标准的民用建筑项目出具竣工验收合格报告的</u>，由县级以上地方人民政府建设主管部门责令改正，并处民用建筑项目合同价款 2%以上 4%以下的罚款；造成损失的，依法承担赔偿责任。

　　　　——**易混淆点：**采购不符合施工图设计文件要求的墙体材料、保温材料、门窗、采暖制冷系统和照明设备的；使用列入禁止使用目录的技术、工艺、材料和设备的

采分点 15：《民用建筑节能条例》规定，设计单位未按照民用建筑节能强制性标准进行设计，或者使用列入禁止使用目录的技术、工艺、材料和设备且造成损失的，依法<u>承担赔偿责任</u>。

　　　　——**易混淆点：**追究其刑事责任

采分点 16：《民用建筑节能条例》规定，施工单位<u>未按照民用建筑节能强制性标准进行施工</u>

的，由县级以上地方人民政府建设主管部门责令改正，并处民用建筑项目合同价款 2%以上 4%以下的罚款。

——**易混淆点**：使用列入禁止使用目录的技术、工艺、材料和设备的；使用不符合施工图设计文件要求的墙体材料、保温材料、门窗、采暖制冷系统和照明设备的

采分点 17：《民用建筑节能条例》规定，施工单位未对进入施工现场的墙体材料、保温材料、门窗、采暖制冷系统和照明设备进行查验的，由县级以上地方人民政府建设主管部门责令改正，并处 10 万元以上 20 万元以下的罚款。

——**易混淆点**： 20 万元以上 30 万元以下

采分点 18：工程监理单位在对墙体及屋面的保温工程施工时，未采取旁站、巡视和平行检验等形式实施监理且造成损失的，依法承担赔偿责任。

——**易混淆点**：连带责任

采分点 19：《中华人民共和国节约能源法》所称的能源，是指煤炭、石油、天然气、生物质能和电力、热力，以及其他直接或者通过加工、转换而取得有用能的各种资源。

——**易混淆点**：土地； 森林； 河流

采分点 20：国务院和县级以上地方各级人民政府应当将节能工作纳入国民经济和社会发展规划、年度计划，并组织编制和实施节能中长期专项规划、年度节能计划。

——**易混淆点**：部门和岗位节能计划； 季度节能计划

采分点 21：国务院和县级以上地方各级人民政府每年向本级人民代表大会或者其常务委员会报告节能工作。

——**易混淆点**：每半年； 每两年

采分点 22：国家实行节能目标责任制和节能考核评价制度，将节能目标完成情况作为对地方人民政府及其负责人考核评价的内容。

——**易混淆点**：节能目标考核制度； 承包制

采分点 23：省、自治区、直辖市人民政府每年向<u>国务院</u>报告节能目标责任的履行情况。

　　——**易混淆点**：本级人民代表大会；本级常务委员会

采分点 24：国家实行有利于节能和环境保护的产业政策，<u>限制发展高耗能、高污染行业</u>，发展节能环保型产业。

　　——**易混淆点**：鼓励发展重化工业；鼓励发展第三产业；限制发展高耗能、资源性行业

采分点 25：《中华人民共和国节约能源法》规定，国家鼓励、支持开发和利用<u>新能源、可再生能源</u>。

　　——**易混淆点**：商品能源；常规能源

采分点 26：国务院和省、自治区、直辖市人民政府应当加强节能工作，合理调整产业结构、企业结构、产品结构和能源消费结构，<u>推动企业降低单位产值能耗和单位产品能耗</u>，淘汰落后的生产能力，改进能源的开发、加工、转换、输送、储存和供应，提高能源的利用效率。

　　——**易混淆点**：实行节能目标责任制；实行节能考核评价制度；实行能源效率标识管理

采分点 27：国家开展节能宣传和教育，将节能知识纳入国民教育和培训体系，普及节能科学知识，增强全民的节能意识，提倡<u>节约型</u>的消费方式。

　　——**易混淆点**：清洁型；循环型；环保型

采分点 28：<u>国务院管理节能工作的部门</u>主管全国的节能监督管理工作，国务院有关部门在各自的职责范围内负责节能监督管理工作，并接受国务院管理节能工作的部门的指导。

　　——**易混淆点**：国家能源局；国家环境保护部；工业信息化部

采分点 29：县级以上地方各级人民政府建设主管部门会同同级管理节能工作的部门编制本行政区域内的建筑节能规划。建筑节能规划应当包括<u>既有建筑</u>节能改造计划。

　　——**易混淆点**：民用建筑；公共建筑

采分点 30：建筑工程的建设、设计、施工和监理单位应当遵守建筑节能标准。对于不符合建筑节能标准的建筑工程，建设主管部门<u>不得批准开工建设</u>。

    ——**易混淆点**：可以批准开工建设，但需要限期改正

采分点 31：房地产开发企业在销售房屋时，应当向购买人明示所售房屋的<u>节能措施、保温工程保修期</u>等信息，在房屋买卖合同、质量保证书和使用说明书中载明，并对其真实性和准确性负责。

    ——**易混淆点**：能效标识；节能设施；建筑节能标准

采分点 32：使用空调采暖、制冷的公共建筑应当实行<u>室内温度控制</u>制度。

    ——**易混淆点**：室内湿度控制；室内空气控制

采分点 33：国家采取措施对实行集中供热的建筑分步骤实行供热分户计量、按照用热量收费的制度。新建建筑或者对既有建筑进行节能改造，应当按照规定安装<u>用热计量装置</u>、室内温度调控装置和供热系统调控装置。

    ——**易混淆点**：太阳能光伏发电装置；太阳能热水装置；用热控制装置

采分点 34：县级以上地方各级人民政府有关部门应当加强城市节约用电管理，严格控制<u>公用设施和大型建筑物装饰性景观照明</u>的能耗。

    ——**易混淆点**：公用设施空调系统；企业生产动力系统

采分点 35：建筑节能的国家标准或行业标准由<u>国务院建设主管部门</u>组织制定，并依照法定程序发布。

    ——**易混淆点**：国务院；国务院管理节能工作的部门会同国务院有关部门

采分点 36：省、自治区、直辖市人民政府建设主管部门可以根据本地实际情况，制定<u>严于</u>国家标准或者行业标准的地方建筑节能标准，并报国务院标准化主管部门和国务院建设主管部门备案。（2010 年考试涉及）

    ——**易混淆点**：低于；类似于

采分点 37：国家实行固定资产投资项目<u>节能评估和审查</u>制度。对于不符合强制性节能标准

的项目，依法负责项目审批或者核准的机关不得批准或者核准建设；建设单位不得开工建设；已经建成的，不得投入生产和使用。

——**易混淆点**：用能审查；用能核准；单位产品耗能限额标准

采分点 38：根据《民用建筑节能规定》的规定，鼓励发展的建筑节能技术和产品包括：①新型节能墙体和屋面的保温、隔热技术与材料；②节能门窗的保温隔热和密闭技术；③集中供热和热、电、冷联产联供技术；④供热采暖系统温度调控和分户热量计量技术与装置；⑤太阳能、地热等可再生能源应用技术及设备；⑥建筑照明节能技术与产品；⑦空调制冷节能技术与产品；⑧其他技术成熟、效果显著的节能技术和节能管理技术。

——**易混淆点**：燃气节能技术与产品；给水、排水节能技术与产品

第 **16** 章

消防法（2Z201160）

【重点提示】

2Z201161　掌握消防设计的审核与验收

2Z201162　掌握工程建设中应采取的消防安全措施

【采分点精粹】

采分点 1：《中华人民共和国消防法》于 1998 年 9 月 1 日起施行。

——易混淆点：1998 年 8 月 1 日；1998 年 11 月 1 日；1998 年 12 月 1 日

采分点 2：按照国家工程建筑消防技术标准需要进行消防设计的建筑工程，设计单位应当按照《国家工程建筑消防技术标准》进行设计，建设单位应当将建筑工程的消防设计图纸及有关资料报送公安消防机构审核；未经审核或者经审核不合格的，建设行政主管部门不得发给施工许可证，建设单位不得施工。（2010、2007 年考试涉及）

——易混淆点：建设行政主管部门；安全生产监管部门；规划行政主管部门

采分点 3：《中华人民共和国消防法》规定，建筑工程消防设计需要变更的，应当报经原审核的公安消防机构核准；未经核准的，任何单位和个人不得变更。

——易混淆点：上一级公安消防机构；人民政府

采分点 4：《中华人民共和国消防法》规定，建筑构件和建筑材料的防火性能必须符合国家标准或行业标准。

——易混淆点：企业标准；地方标准

采分点 5： 根据《中华人民共和国消防法》的规定，按照国家工程建筑消防技术标准进行消防设计的建筑工程竣工时，<u>必须经公安消防机构进行消防验收</u>；未经验收或者经验收不合格的，不得投入使用。

　　　——**易混淆点：** 建设行政主管部门；安全生产监管部门

采分点 6：《中华人民共和国消防法》规定，建筑工程的消防设计未经公安消防机构审核或者经审核不合格擅自施工的，责令限期改正；逾期未改正的，对其直接负责的主管人员<u>应处以警告或罚款</u>。

　　　——**易混淆点：** 吊销营业执照

采分点 7： 根据《中华人民共和国消防法》的规定，在设有车间或者仓库的建筑物内，不得设置员工集体宿舍。对已经设置且确有困难不能立即加以解决的，应当采取必要的消防安全措施，<u>经公安消防机构批准</u>后，可以在限期内继续使用。（2009、2008 年考试涉及）

　　　——**易混淆点：** 武警消防机构；县级以上人民政府；建设行政主管部门

采分点 8： 根据《中华人民共和国消防法》的规定，生产、储存、运输、销售或者使用、销毁易燃易爆危险物品的单位或个人，必须执行国家有关<u>消防安全</u>的规定。（2008 年考试涉及）

　　　——**易混淆点：** 物资安全；劳动安全

采分点 9： 根据《中华人民共和国消防法》的规定，<u>电焊、气焊</u>等作业人员和自动消防系统的操作人员，必须持证上岗，并严格遵守消防安全操作规程。

　　　——**易混淆点：** 消防材料保管员

采分点 10： 根据《中华人民共和国消防法》的规定，消防产品的质量必须符合<u>国家标准或行业标准</u>。

　　　——**易混淆点：** 国际标准；地方标准；企业标准

采分点 11： 根据《中华人民共和国消防法》的规定，电器产品和燃气用具的质量必须符合<u>国家标准或者行业标准</u>。

　　　——**易混淆点：** 法律规定；消防安全要求；国家有关消防安全技术规定

采分点 12： 机关、团体、企业或事业单位违反《中华人民共和国消防法》的规定，未履行消防安全职责的，应责令限期改正；逾期不改正的，对其直接负责的主管人员和其他直接责任人员依法给予<u>行政处分</u>或者警告。

    ——**易混淆点：** 行政处罚

采分点 13： 根据《中华人民共和国消防法》的规定，单位生产、储存、运输、销售或者使用、销毁易燃易爆危险物品的，应责令停止违法行为，并处以警告、罚款或者最多 <u>15 日</u>的拘留。

    ——**易混淆点：** 20 日；25 日；30 日

采分点 14： 根据《中华人民共和国消防法》的规定，直接责任人阻拦报火警或者谎报火警的，应处以警告、罚款或者 <u>10 日</u>以下拘留。

    ——**易混淆点：** 15 日；20 日

采分点 15： 根据《中华人民共和国消防法》的规定，埋压、圈占消火栓或者占用防火间距、堵塞消防通道的，或者损坏和擅自挪用、拆除、停用消防设施、器材的，对其直接责任人应处以<u>警告和罚款</u>。

    ——**易混淆点：** 拘留

采分点 16： 根据《中华人民共和国消防法》的规定，<u>拒不执行火场指挥员指挥，影响灭火救灾的</u>，对其直接负责的主管人员和其他直接责任人员应处以警告、罚款或者 10 日以下拘留。

    ——**易混淆点：** 有重大火灾隐患，经公安消防机构通知逾期不改正的；指使或者强令他人违反消防安全规定，冒险作业，尚未造成严重后果的

【重点提示】

2Z201171　掌握劳动保护的规定

2Z201172　熟悉劳动争议的处理

【采分点精粹】

采分点 1：《中华人民共和国劳动法》于 1994 年 7 月 5 日第八届全国人民代表大会常务委员会第八次会议通过，自 1995 年 1 月 1 日起施行。

————**易混淆点**：1994 年 12 月 1 日；1995 年 5 月 1 日

采分点 2：《中华人民共和国劳动法》分为 13 章，共 107 条。

————**易混淆点**：10 章，共 98 条；11 章，共 101 条

采分点 3：《中华人民共和国劳动法》规定，劳动安全卫生设施必须符合国家规定的标准。

————**易混淆点**：地区；部门；企业

采分点 4：《中华人民共和国劳动法》规定，从事特种作业的劳动者必须经过专门培训并取得特种作业资格。

————**易混淆点**：认可；批准；通知

采分点 5：根据有关劳动保护法的规定，劳动者在劳动过程中的法定义务是严格遵守安全操作规程。

————**易混淆点**：拒绝执行违章指挥；拒绝冒险作业；检举危害生命安全的行为

采分点 6：《中华人民共和国劳动法》规定，禁止安排女职工从事矿山井下、国家规定的<u>第四级体力劳动强度的劳动和其他禁忌从事的劳动。</u>

　　　　——**易混淆点：**第一级；第二级；第三级

采分点 7：《中华人民共和国劳动法》规定，不得安排女职工在怀孕期间从事国家规定的第三级体力劳动强度的劳动和孕期禁忌从事的其他劳动。对怀孕 <u>7 个月</u>以上的女职工，不得安排其延长工作时间和夜班劳动。

　　　　——**易混淆点：**3 个月；4 个月

采分点 8：《中华人民共和国劳动法》规定，女职工生育应享受不少于 <u>90 天</u>的产假。

　　　　——**易混淆点：**30 天；60 天；半年

采分点 9：《中华人民共和国劳动法》规定，不得安排女职工在哺乳<u>未满一周岁</u>的婴儿期间从事国家规定的第三级体力劳动强度的劳动和哺乳期禁忌从事的其他劳动，不得安排其延长工作时间和夜班劳动。

　　　　——**易混淆点：**未满一周岁半；未满二周岁

采分点 10：《中华人民共和国劳动法》中规定的未成年工，是指<u>年满 16 周岁未满 18 周岁</u>的劳动者。

　　　　——**易混淆点：**未满 16 周岁；年满 16 周岁；未满 18 周岁

采分点 11：《中华人民共和国劳动法》规定，不得安排未成年工从事矿山井下、有毒有害、国家规定的<u>第四级</u>体力劳动强度的劳动和其他禁忌从事的劳动。

　　　　——**易混淆点：**第一级；第二级；第三级

采分点 12：《中华人民共和国劳动法》规定，用人单位的劳动安全设施和劳动卫生条件不符合国家规定或者未向劳动者提供必要的劳动防护用品和劳动保护设施的，由劳动行政部门或者有关部门<u>责令改正，并可处以罚款。</u>

　　　　——**易混淆点：**提出警告，对直接负责人给予降职或开除处分

采分点 13：《中华人民共和国劳动法》规定，用人单位<u>强令劳动者违章冒险作业，发生重大</u>

伤亡事故，造成严重后果的，对责任人员依法追究其刑事责任。

　　——**易混淆点**：非法招用未满 16 周岁未成年人的；拒不支付劳动者延长工作
　　　　　　　　时间工资报酬的

采分点 14：《中华人民共和国劳动法》规定，用人单位非法招用未满 16 周岁未成年人的，由劳动行政部门责令改正，并处以罚款。

　　——**易混淆点**：工商行政管理部门

采分点 15：《中华人民共和国劳动法》规定，用人单位非法招用未满 16 周岁未成年人，情节严重的，由工商行政管理部门吊销营业执照。

　　——**易混淆点**：劳动行政部门

采分点 16：在解决劳动争议的方法中，协商是一种简便易行、最有效、最经济的方法，能及时解决争议，消除分歧，提高办事效率，节省费用。

　　——**易混淆点**：调解；仲裁；诉讼

采分点 17：《中华人民共和国劳动争议调解仲裁法》第四条规定，若发生劳动争议，劳动者可以与用人单位协商，也可以请工会或者第三方共同与用人单位协商，达成和解协议。

　　——**易混淆点**：调解委员会

采分点 18：根据有关法律、法规，目前可受理劳动争议的调解组织有：企业劳动争议调解委员会；依法设立的基层人民调解组织；在乡镇或街道设立的具有劳动争议调解职能的组织。

　　——**易混淆点**：行业协会；人民政府；企业职工代表大会

采分点 19：对于设有劳动争议调解委员会的企业，其调解委员会由职工代表和企业代表组成。（2010 年考试涉及）

　　——**易混淆点**：企业的法定代表人和劳动行政部门的代表；企业的工会代表与
　　　　　　　　劳动行政部门的代表

采分点 20：《中华人民共和国劳动争议调解仲裁法》规定，企业劳动争议调解委员会主任<u>由工会成员或双方推举的人员</u>担任。

——**易混淆点**：企业负责人；监事会主席；党委书记；工会主席

采分点 21：当事人申请劳动争议调解，<u>既可以书面申请，也可以口头申请。</u>

——**易混淆点**：只可以书面申请

采分点 22：双方当事人申请劳动争议调解，经调解达成协议的，人民法院应当制作调解协议书。调解协议书由双方当事人签名或者盖章，<u>经调解员签名并加盖调解组织印章后生效</u>，对双方当事人具有约束力，当事人应当履行。

——**易混淆点**：人民法院盖章；双方当事人签收

采分点 23：《中华人民共和国劳动争议调解仲裁法》规定，自劳动争议调解组织收到调解申请之日起 <u>15 日</u>内未达成调解协议的，当事人可以依法申请仲裁。

——**易混淆点**：5 日；10 日

采分点 24：因支付<u>拖欠劳动报酬、工伤医疗费、经济补偿或赔偿金</u>等事项达成调解协议，用人单位在约定期限内不履行的，劳动者可以持调解协议书依法向人民法院申请支付令。

——**易混淆点**：违约金

采分点 25：从仲裁主体上看，劳动争议仲裁委员会由<u>劳动行政部门代表、工会代表和企业方面代表</u>组成。

——**易混淆点**：政府综合部门代表

采分点 26：从仲裁主体上看，劳动争议仲裁委员会组成人员应当是单数，是带有司法性质的<u>行政执行机关</u>。

——**易混淆点**：民间组织；群众自治性组织

采分点 27：从仲裁实行的原则上看，劳动争议仲裁实行的是<u>法定管辖</u>，《中华人民共和国仲裁法》规定的是<u>约定管辖</u>。

——**易混淆点**：约定管辖，法定管辖

采分点 28：劳动争议仲裁原则是指劳动争议仲裁机构在仲裁程序中应遵守的准则，它是劳动争议仲裁的特有原则，反映了劳动争议仲裁的本质要求，包括一次裁决原则、合议原则和强制原则。

——**易混淆点**：公正原则；诚实信用原则

采分点 29：在劳动争议仲裁中，若当事人对仲裁裁决的结果不服，只能依法向人民法院起诉。

——**易混淆点**：可以向上一级仲裁委员会申请复议；可以要求重新处理

采分点 30：在劳动争议仲裁中，当事人申请仲裁无须双方达成一致协议，只要一方申请，仲裁委员会即可受理。

——**易混淆点**：人民法院；人民政府；劳动监察部门

采分点 31：省、自治区劳动争议仲裁委员会人民政府可以决定在市、县设立；直辖市劳动争议仲裁委员会人民政府可以决定在区、县设立。

——**易混淆点**：省、市，市、县；区、县，市、县

采分点 32：劳动争议仲裁委员会应当设仲裁员名册。仲裁员应当公道、正派，从事法律研究和教学工作，并具有中级以上职称。

——**易混淆点**：高级以上职称；中级职称

采分点 33：劳动争议仲裁委员会应当设仲裁员名册。仲裁员应当公道、正派，并且具有法律知识、从事人力资源管理或者工会等专业工作满5年。

——**易混淆点**：2年；3年；4年

采分点 34：劳动争议仲裁委员会应当设仲裁员名册。仲裁员应当公道、正派，并且从事律师执业满3年。

——**易混淆点**：1年；2年

采分点 35： 劳动争议由<u>劳动合同履行地或用人单位所有地</u>的劳动争议仲裁委员会管辖。

      ——**易混淆点：** 劳动者住所地；劳动合同签订地

采分点 36： 劳动争议的双方当事人分别向劳动合同履行地和用人单位所在地的劳动争议仲裁委员会申请仲裁的，由<u>劳动合同履行地</u>的劳动争议仲裁委员会管辖。

      ——**易混淆点：** 用人单位所在地；劳动合同签订地

采分点 37： 仲裁庭在仲裁委员会领导下处理劳动争议案件，实行<u>一案一庭制</u>。

      ——**易混淆点：** 一案两庭制

采分点 38： 劳动争议仲裁委员会裁决劳动争议案件实行仲裁庭制。仲裁庭由 <u>3 名</u>仲裁员组成，设首席仲裁员。简单劳动争议案件可以由 <u>1 名</u>仲裁员处理。（2005 年考试涉及）

      ——**易混淆点：** 2 名，1 名；4 名，2 名；5 名，2 名

采分点 39： 劳动争议仲裁庭的首席仲裁员应由<u>仲裁委员会负责人</u>或授权其办事机构负责人指定。

      ——**易混淆点：** 工会负责人；用工单位负责人；争议双方协商

采分点 40： 仲裁委员会组成人员或者仲裁员有下列情形之一的，应当回避，当事人有权以口头或者书面方式申请其回避：①是本案当事人或者当事人或代理人的近亲属的；②与本案有利害关系的；③<u>与本案当事人或代理人有其他关系，可能影响公正仲裁的</u>；④私自会见当事人、代理人，或者接受当事人、代理人的请客送礼的。

      ——**易混淆点：** 与本案当事人或代理人是同一学校毕业的校友

采分点 41： 《中华人民共和国劳动争议调解仲裁法》第二十七条规定，劳动争议申请仲裁的时效期间为 <u>1 年</u>。（2009 年考试涉及）

      ——**易混淆点：** 2 个月；6 个月；2 年

采分点 42： 《中华人民共和国劳动争议调解仲裁法》第二十七条规定，劳动争议申请仲裁的

时效期间从<u>当事人知道或者应当知道其权利被侵害</u>之日起计算。

——**易混淆点**：法律行为生效；当事人权利被侵害；当事人发生争议

采分点 43：《中华人民共和国劳动争议调解仲裁法》第二十七条规定，劳动仲裁时效因<u>当事人一方向对方当事人主张权利</u>，当事人一方向有关部门请求权利救济，对方当事人同意履行义务而中断。

——**易混淆点**：不可抗力

采分点 44：劳动者劳动关系终止期间因拖欠劳动报酬发生争议的，应当自劳动关系终止之日起 <u>1 年内</u>提出。

——**易混淆点**：2 年内；3 年内

采分点 45：申请人申请仲裁应当提交书面仲裁申请，<u>并按照被申请人人数提交副本</u>。

——**易混淆点**：提交一份副本；提交两份副本

采分点 46：仲裁申请书应当载明：<u>劳动者的姓名、性别、年龄、职业、工作单位和住所</u>，以及用人单位的名称、住所和法定代表人或者主要负责人的姓名、职务；仲裁请求和所根据的事实、理由；证据和证据来源、证人姓名和住所。

——**易混淆点**：劳动者的工资

采分点 47：劳动争议仲裁委员会收到仲裁申请之日起 <u>5 日</u>内，认为符合受理条件的，应当受理，并通知申请人；认为不符合受理条件的，应当书面通知申请人不予受理，并说明理由。

——**易混淆点**：10 日；15 日

采分点 48：《中华人民共和国劳动争议调解仲裁法》规定，劳动争议仲裁委员会受理仲裁申请后，应当在 <u>5 日</u>内将仲裁申请书副本送达被申请人。

——**易混淆点**：7 日；10 日；15 日

采分点 49：《中华人民共和国劳动争议调解仲裁法》规定，被申请人收到仲裁申请书副本后，

应当在 <u>10 日</u>内向劳动争议仲裁委员会提交答辩书。

——**易混淆点**：15 日；20 日；25 日

采分点 50：《中华人民共和国劳动争议调解仲裁法》规定，劳动争议仲裁委员会收到答辩书后，应当在 <u>5 日</u>内将答辩书副本送达申请人。

——**易混淆点**：10 日；15 日；20 日

采分点 51：《中华人民共和国劳动争议调解仲裁法》规定，仲裁庭应当在开庭 <u>5 日</u>前，将开庭日期和地点书面通知双方当事人。当事人有正当理由的，可以在开庭 <u>3 日</u>前请求延期开庭。

——**易混淆点**：10 日，5 日；4 日，2 日

采分点 52：劳动争议申请人收到仲裁委员会书面开庭通知后，无正当理由拒不到庭或者未经仲裁庭同意中途退庭的，仲裁庭可以<u>视为撤回仲裁申请</u>。（2007 年考试涉及）

——**易混淆点**：再组织二次开庭；缺席裁决；通知申请人向人民法院提起诉讼

采分点 53：劳动争议被申请人收到仲裁委员会书面开庭通知后，无正当理由拒不到庭或者未经仲裁庭同意中途退庭的，可以<u>缺席裁决</u>。

——**易混淆点**：再组织二次开庭；视为撤回仲裁申请；通知申请人向人民法院提起诉讼

采分点 54：仲裁庭裁决劳动争议案件，应当自劳动争议仲裁委员会受理仲裁申请之日起 <u>45 日</u>内结束。

——**易混淆点**：10 日；30 日；60 日

采分点 55：仲裁庭裁决劳动争议案件时，若案情复杂需要延期，经劳动争议仲裁委员会主任批准，可以延期并书面通知当事人，但是延长期限最多为 <u>15 日</u>。

——**易混淆点**：5 日；10 日

采分点 56：劳动仲裁当事人对终局裁决情形之外的其他劳动争议案件的仲裁裁决不服的，可以自收到仲裁裁决书之日起 <u>15 日内</u>提起诉讼；期满不起诉的，裁决书发生

法律效力。

——易混淆点：20 日内；25 日内；30 日内

采分点 57： 因执行国家的劳动标准在工作时间、休息休假和社会保险等方面发生的争议，除法律另有规定之外，仲裁裁决为终局裁决，裁决书自做出之日起发生法律效力。

——易混淆点：确认劳动关系发生的争议；解除劳动合同发生的争议

采分点 58： 追索劳动报酬、工伤医疗费、经济补偿或者赔偿金，不超过当地月最低工资标准 12 个月金额的争议，除法律另有规定之外，仲裁裁决为终局裁决，裁决书自做出之日起发生法律效力。

——易混淆点：月平均工资标准

采分点 59： 当事人对发生法律效力的调解书和裁决书，应当依照规定的期限履行。一方当事人逾期不履行的，另一方当事人可以向人民法院申请强制执行。（2007 年考试涉及）

——易混淆点：仲裁委员会；行政复议机关；地方政府

采分点 60： 人民法院受理劳动争议案件的条件有：①争议案件已经过劳动争议仲裁委员会仲裁；②争议案件的当事人在接到仲裁决定书之日起 15 日内向法院提起。

——易混淆点：20 日内；25 日内

采分点 61： 人民法院处理劳动争议适用《中华人民共和国民事诉讼法》规定的程序，由各级人民法院开庭受理，实行两审终审制。

——易混淆点：一审终审；三审终审

第 **18** 章

劳动合同法（2Z201180）

【重点提示】

2Z201181　掌握劳动合同的订立
2Z201182　掌握劳动合同的履行和变更
2Z201183　掌握劳动合同的解除和终止
2Z201184　熟悉集体合同、劳务派遣、非全日制用工

【采分点精粹】

采分点 1：用人单位自用工之日起即与劳动者建立劳动关系。

——**易混淆点**：订立劳动合同之日；正式用工 3 个月

采分点 2：用人单位与劳动者在用工前订立劳动合同的，劳动关系自用工之日起建立。

——**易混淆点**：书面劳动合同订立之日；书面劳动合同登记之日；书面劳动合同生效之日

采分点 3：用人单位应当建立职工名册备查。职工名册应当包括：劳动者姓名、性别、公民身份证号码、户籍地址及现住址、联系方式、用工形式、用工起始时间和劳动合同期限等内容。

——**易混淆点**：家庭成员及姓名

采分点 4：用人单位招用劳动者时，不得扣押劳动者的居民身份证和其他证件；不得要求劳动者提供担保；不得以其他名义向劳动者收取财物。

——**易混淆点**：了解劳动者与劳动合同直接相关的基本情况

采分点 5：《中华人民共和国劳动合同法实施条例》规定，劳动合同法规定的用人单位设立

的分支机构未依法取得营业执照或者登记证书的，受用人单位委托可以与劳动者订立劳动合同。

　　——**易混淆点**：；不可以

采分点 6：《中华人民共和国劳动合同法》规定，建立劳动关系，应当订立书面劳动合同。

　　——**易混淆点**：电子版协议；口头劳动合同

采分点 7：《中华人民共和国劳动合同法》规定，劳动者与用人单位已建立劳动关系，未同时订立书面劳动合同的，应当自用工之日起1个月内订立书面劳动合同。

　　——**易混淆点**：2个月；3个月

采分点 8：自用工之日起一个月内，经用人单位书面通知后，劳动者不与用人单位订立书面劳动合同的，用人单位应当书面通知劳动者终止劳动关系，依法向劳动者支付其实际工作时间的劳动报酬。

　　——**易混淆点**：口头通知，经济补偿

采分点 9：用人单位自用工之日起超过1个月不满1年未与劳动者订立书面劳动合同的，应当向劳动者每月支付2倍的工资，并与劳动者补订书面劳动合同。该工资的起算时间为用工之日起满一个月的次日，截止时间为补订书面劳动合同的前1日。

　　——**易混淆点**：2倍，当天，前1日；2倍，次日，后1日；2倍，当日，当日

采分点 10：用人单位自用工之日起满1年未与劳动者订立书面劳动合同的，自用工之日起满1个月的次日至满1年的前1日应当依照劳动合同法的规定向劳动者每月支付2倍的工资，并视为自用工之日起满1年的当日已经与劳动者订立无固定期限劳动合同，应当立即与劳动者补订书面劳动合同。

　　——**易混淆点**：当日，当日；次日，当日；当日，前1日

采分点 11：劳动合同文本由用人单位和劳动者各执一份。

　　——**易混淆点**：由用人单位留存备查；由劳动者自行保存；由劳动行政部门保存

采分点 12：劳动合同分为固定期限劳动合同、无固定期限劳动合同和以完成一定工作任务

为期限的劳动合同。

    ——**易混淆点**：以进行一定工作任务为期限的劳动合同；暂定期限劳动合同

采分点 13：固定期限劳动合同是指用人单位与劳动者约定合同<u>终止</u>时间的劳动合同。

    ——**易混淆点**：续订；解除；中止

采分点 14：《中华人民共和国劳动合同法》规定，劳动者在该用人单位连续工作满 <u>10</u> 年的，劳动者提出或者同意续订、订立劳动合同的，除劳动者提出订立固定期限劳动合同外，应当订立无固定期限劳动合同。（2009 年考试涉及）

    ——**易混淆点**：5 年；8 年；9 年

采分点 15：《中华人民共和国劳动合同法》规定，当用人单位初次实行劳动合同制度或者国有企业改制重新订立劳动合同时，劳动者在该用人单位连续工作满 <u>10</u> 年且距法定退休年龄不足 <u>10</u> 年的，劳动者提出或者同意续订、订立劳动合同的，除劳动者提出订立固定期限劳动合同外，应当订立无固定期限劳动合同。

    ——**易混淆点**：10 年，15 年；8 年，10 年

采分点 16：对劳动合同的内容，双方应当按照合法、<u>公平</u>、平等自愿、协商一致、诚实信用的原则协商确定。

    ——**易混淆点**：公道；公认；公开

采分点 17：《中华人民共和国劳动合同法实施条例》规定，连续工作满 10 年的起始时间，应当自用人单位用工之日起计算，<u>包括</u>劳动合同法施行前的工作年限。

    ——**易混淆点**：不包括

采分点 18：劳动者非因本人原因从原用人单位被安排到新用人单位工作的，劳动者在原用人单位的工作年限<u>合并计入</u>新用人单位的工作年限。

    ——**易混淆点**：按 50% 计入；不需要计入

采分点 19：劳动者非因本人原因从原用人单位被安排到新用人单位工作的，若原用人单位已经向劳动者支付经济补偿，新用人单位在依法解除或终止劳动合同计算支付

经济补偿的工作年限时，<u>不再计算</u>劳动者在原用人单位的工作年限。

——**易混淆点**：需要合并计算；按50%计算

采分点 20：劳动合同应当具备的条款有：用人单位的名称、住所和法定代表人或者主要负责人；劳动者的姓名、住址和居民身份证或者其他有效身份证件号码；劳动合同期限；工作内容和工作地点；工作时间和休息休假；<u>劳动报酬</u>；社会保险；劳动保护、劳动条件和职业危害防护；法律、法规规定应当纳入劳动合同的其他事项。

——**易混淆点**：保守商业秘密；福利待遇；试用期

采分点 21：《中华人民共和国劳动合同法》规定，劳动合同期限为 3 个月以上不满 1 年的，试用期最长为 <u>1 个月</u>。（2010、2009 年考试涉及）

——**易混淆点**：2 个月；3 个月

采分点 22：《中华人民共和国劳动合同法》规定，劳动合同期限为 1 年以上不满 3 年的，试用期最长为 <u>2 个月</u>。（2009 年考试涉及）

——**易混淆点**：1 个月；3 个月；6 个月

采分点 23：《中华人民共和国劳动合同法》规定，劳动合同期限为 3 年以上的固定期限和无固定期限的劳动合同，试用期最长为 <u>6 个月</u>。（2009 年考试涉及）

——**易混淆点**：1 个月；2 个月；3 个月

采分点 24：《中华人民共和国劳动合同法》规定，劳动合同可以约定试用期，但试用期最长不得超过 <u>6 个月</u>。（2007 年考试涉及）

——**易混淆点**：3 个月；5 个月；12 个月

采分点 25：《中华人民共和国劳动合同法》规定，同一用人单位与同一劳动者只能约定 <u>1 次</u>试用期。（2010 年考试涉及）

——**易混淆点**：3 次；2 次

采分点 26：《中华人民共和国劳动合同法》规定，<u>以完成一定工作任务为期限的劳动合同，</u>

劳动合同期限不满 3 个月的，不得约定试用期。

——**易混淆点**：劳动合同期限不满 6 个月；无固定劳动合同期的劳动合同

采分点 27：《中华人民共和国劳动合同法》规定，试用期包含在劳动合同期限内。劳动合同仅约定试用期的，该期限为劳动合同期限。

——**易混淆点**：不包含，试用期限

采分点 28：《中华人民共和国劳动合同法》规定，劳动者在试用期的工资不得低于本单位相同岗位最低档工资或者劳动合同约定工资的 80%，并不得低于用人单位所在地的最低工资标准。

——**易混淆点**：20%；30%；50%

采分点 29：劳动合同期满，但是用人单位与劳动者约定的服务期尚未到期的，劳动合同应当续延至服务期满；双方另有约定的，从其约定。

——**易混淆点**：以合同到期日为准

采分点 30：劳动者违反服务期约定的，应当按照约定向用人单位支付违约金。违约金的数额不得超过用人单位提供的培训费用。

——**易混淆点**：服务期工资；劳动期间的工资；解除合同费用

采分点 31：劳动者同时与其他用人单位建立劳动关系，对完成本单位的工作任务造成严重影响的，或者经用人单位提出，拒不改正的，用人单位可以与劳动者解除约定服务期的劳动合同，劳动者应当按照劳动合同的约定向用人单位支付违约金。

——**易混淆点**：赔偿金；补偿金

采分点 32：对负有保密义务的劳动者，用人单位可以在劳动合同或者保密协议中与劳动者约定竞业限制条款，并约定在解除或者终止劳动合同后，在竞业限制期限内按月给予劳动者经济补偿。

——**易混淆点**：季度；年度

采分点 33：劳动者违反竞业限制约定的，应当按照约定向用人单位支付违约金。

———**易混淆点**：赔偿金；补偿金；损失费

采分点 34：竞业限制的人员限于用人单位的<u>高级管理人员</u>、高级技术人员和其他负有保密义务的人员。

———**易混淆点**：一般管理人员；中层管理人员

采分点 35：在解除或者终止劳动合同后，禁止竞业限制人员到与本单位生产或者经营同类产品、从事同类业务的有竞争关系的其他用人单位工作，或者自己开业生产或者经营同类产品。从事同类业务的竞业限制期限不得超过<u>2 年</u>。

———**易混淆点**：1 年；3 年；4 年

采分点 36：无效或者部分无效的劳动合同包括：<u>以欺诈、胁迫的手段或者乘人之危，使对方在违背真实意思的情况下订立或者变更的劳动合同</u>；用人单位免除自己的法定责任，排除劳动者权利的劳动合同；违反法律、行政法规强制性规定的劳动合同。

———**易混淆点**：对劳动合同的部分条款有争议而无法达到一致的劳动合同；报酬较低的劳动合同；劳动内容约定不明确的劳动合同

采分点 37：对劳动合同的无效或者部分无效有争议的，<u>由劳动争议仲裁机构</u>或者人民法院确认。

———**易混淆点**：劳动行政部门；劳动监察机构；劳动争议调解委员会

采分点 38：无效的劳动合同自<u>订立时</u>起无法律约束力。

———**易混淆点**：当事人发现时；当事人要求解除时；有关部门裁定无效时

采分点 39：无效或者部分无效的劳动合同被确认无效，但劳动者已付出劳动的，用人单位应当向劳动者支付劳动报酬。劳动报酬的数额参照本单位<u>相同或者相近岗位劳动者的劳动报酬</u>确定。

———**易混淆点**：平均岗位工资；相同或相近岗位劳动者的劳动报酬的一半

采分点 40：用人单位应当按照劳动合同约定和国家规定，向劳动者<u>及时足额</u>地支付劳动报酬。

——**易混淆点**：提前；及时分期；提前足额

采分点 41：用人单位拖欠或者未足额支付劳动报酬的，劳动者可以依法向<u>当地人民法院申请支付令</u>。

  ——**易混淆点**：向人民法院提起诉讼；向仲裁委员会申请经济仲裁；向仲裁委员会申请劳动仲裁

采分点 42：劳动者拒绝用人单位管理人员违章指挥，强令冒险作业的，<u>不视为</u>违反劳动合同。

  ——**易混淆点**：视为；有时视为；部分视为

采分点 43：劳动者对危害生命安全和身体健康的劳动条件，有权对用人单位提出<u>批评、检举和控告</u>。

  ——**易混淆点**：限期改正

采分点 44：用人单位变更<u>名称、法定代表人、主要负责人或投资人</u>等事项，不影响劳动合同的履行。

  ——**易混淆点**：工作内容；工作地点；劳动合同期限

采分点 45：用人单位发生合并或者分立等情况，原劳动合同<u>继续有效</u>。

  ——**易混淆点**：效力视情况而定；失去效力；由用人单位决定是否有效

采分点 46：用人单位与劳动者协商一致，可以变更劳动合同约定的内容。变更后的劳动合同文本由<u>用人单位和劳动者各执一份</u>。

  ——**易混淆点**：由用人单位保存；由劳动者保存；由劳动监察部门保存备查

采分点 47：《中华人民共和国劳动合同法》规定，劳动者提前 <u>30 日</u>以书面形式通知用人单位的，可以解除劳动合同。（2007 年考试涉及）

  ——**易混淆点**：40 日；50 日；60 日

采分点 48：用人单位未按照劳动合同约定提供劳动保护或者劳动条件的，劳动者可以解除劳动合同，用人单位应当向劳动者支付<u>经济补偿</u>。

——**易混淆点**：违约金；赔偿金

采分点 49：《中华人民共和国劳动合同法》规定，用人单位<u>以暴力、威胁或者非法限制人身自由的手段强迫劳动者劳动的</u>，或者用人单位违章指挥，强令冒险作业危及劳动者人身安全的，劳动者无须事先告知用人单位即可立即解除劳动合同。

——**易混淆点**：未按照劳动合同约定提供劳动保护或者劳动条件的；在劳动合同中免除自己的法定责任，排除劳动者权利的

采分点 50：《中华人民共和国劳动合同法实施条例》规定，劳动者提前 <u>30 日</u>以书面形式通知用人单位的，劳动者可以与用人单位解除固定期限劳动合同、无固定期限劳动合同或者以完成一定工作任务为期限的劳动合同。

——**易混淆点**：10 日；15 日；20 日

采分点 51：用人单位单方解除劳动合同的，应当事先将理由通知<u>工会</u>。

——**易混淆点**：劳动监察机构；劳动争议仲裁机构；劳动争议调解委员会

采分点 52：根据《中华人民共和国劳动合同法》的规定，<u>用人单位与劳动者协商一致后</u>，用人单位可以与劳动者解除合同。（2005 年考试涉及）

——**易混淆点**：当事人全部履行各自义务

采分点 53：在任职期间，劳动者被依法追究刑事责任的，用人单位可以<u>随时解除劳动合同</u>。（2009 年考试涉及）

——**易混淆点**：预告解除

采分点 54：劳动者<u>在试用期内被证明不符合录用条件的</u>，用人单位可以随时解除劳动合同。（2006、2005 年考试涉及）

——**易混淆点**：经过培训或者调整工作岗位，仍不能胜任工作；劳动者患病或者非因工负伤，在规定的医疗期满后不能从事原工作，也不能从事由用人单位另行安排的工作

采分点 55： 用人单位以欺诈、胁迫的手段或者乘人之危，使劳动者在违背真实意思的情况下订立或者变更劳动合同的，劳动者可随时解除劳动合同。

    ——**易混淆点：** 以暴力、威胁或者非法限制人身自由的手段强迫劳动者劳动的；违章指挥，强令冒险作业危及劳动者人身安全的

采分点 56： 劳动合同订立时所依据的客观情况发生重大变化，致使劳动合同无法履行，经用人单位与劳动者协商，未能就变更劳动合同内容达成协议的，用人单位提前30 日以书面形式通知劳动者本人或者额外支付劳动者 1 个月工资后，可以解除劳动合同。（2007 年考试涉及）

    ——**易混淆点：** 提前 20 日以口头形式；提前 10 日以书面形式

采分点 57： 用人单位依照《中华人民共和国劳动合同法》的规定，选择额外支付劳动者 1 个月工资解除劳动合同的，其额外支付的工资应当按照该劳动者上 1 个月的工资标准确定。

    ——**易混淆点：** 当月；当年平均

采分点 58： 在法定情形下，需要裁减人员 20 人以上或者裁减不足 20 人但占企业职工总数10%以上的，用人单位需要提前 30 日向工会或者全体职工说明情况，听取其意见后，裁减人员方案经向劳动行政部门报告，可以裁减人员。

    ——**易混淆点：** 监事会；董事会

采分点 59： 用人单位裁减人员不足 20 人且占企业职工总数不足 10%时，无须提前 30 日向有关部门汇报情况，即可进行人员裁减。

    ——**易混淆点：** 10 人，5%；15 人，8%

采分点 60：《中华人民共和国劳动合同法》规定，企业经济裁减人员时，应当优先留用的员工有：①与本单位订立较长期限的固定期限劳动合同的；②与本单位订立无固定期限劳动合同的；③家庭无其他就业人员，有需要扶养的老人或者未成年人的。

    ——**易混淆点：** 新毕业才就业的大学生；高级技术人员；高级管理人员

采分点 61： 用人单位裁减人员后，在 6 个月内重新招用人员的，应当通知被裁减的人员，

并在同等条件下优先招用被裁减的人员。

——**易混淆点**：3 个月；1 年；2 年

采分点 62：在本单位患职业病或者因工负伤并被确认丧失或者部分丧失劳动能力的劳动者，用人单位<u>不得解除劳动合同</u>。（2010 年考试涉及）

——**易混淆点**：可以提前通知解除劳动合同；可以随时通知解除劳动合同

采分点 63：对在本单位连续工作<u>满 15 年</u>，且距法定退休年龄<u>不足 5 年</u>的劳动者，用人单位不得解除其劳动合同。

——**易混淆点**：满 10 年，不足 10 年

采分点 64：《中华人民共和国劳动合同法》规定，劳动者<u>达到法定退休年龄的</u>，劳动合同终止。

——**易混淆点**：在本单位患职业病或者因工负伤并被确认丧失或者部分丧失劳动能力的；在本单位连续工作满 15 年，且距法定退休年龄不足 5 年的

采分点 65：用人单位依法终止工伤职工的劳动合同的，除依据规定向劳动者支付<u>经济补偿金</u>外，还应当按照国家有关工作保险的规定支付一次性工伤医疗补助金和伤残就业补助金。

——**易混淆点**：违约金；赔偿金

采分点 66：经济补偿按劳动者在本单位工作的年限，每满 1 年支付<u>1 个月</u>工资的标准向劳动者支付。

——**易混淆点**：2 个月；3 个月；5 个月

采分点 67：经济补偿按劳动者在本单位工作的年限，6 个月以上不满 1 年的，按<u>1 年</u>计算。

——**易混淆点**：6 个月；实际月数

采分点 68：经济补偿按劳动者在本单位工作的年限，不满 6 个月的，向劳动者支付<u>半个月</u>

工资标准的经济补偿。

——**易混淆点**：实际月数；6 个月

采分点 69：劳动者月工资高于用人单位所在直辖市、设区的市级人民政府公布的本地区上年度职工月平均工资 3 倍的，向其支付经济补偿的标准按职工月平均工资 <u>3 倍</u> 的数额支付，向其支付经济补偿的年限最高不超过 <u>12 年</u>。

——**易混淆点**：1.5 倍，2 年；2 倍，5 年；3 倍，10 年

采分点 70：支付劳动者经济补偿的月工资是指<u>劳动者在劳动合同解除或者终止前 12 个月的平均工资</u>。

——**易混淆点**：全市上年度所有职工 12 个月的平均工资；全市上年度在岗职工 12 个月的平均工资

采分点 71：劳动者在劳动合同解除或者终止前 12 个月的平均工资低于当地最低工资标准的，按照<u>当地最低工资标准</u>计算。

——**易混淆点**：劳动合同解除或者终止前 12 个月的平均工资；当地平均工资标准

采分点 72：劳动者在劳动合同解除或者终止前的工作时间不满 12 个月的，按照<u>实际工作的月数</u>计算平均工资。

——**易混淆点**：12 个月；半年

采分点 73：用人单位违反规定解除劳动合同，劳动者要求继续履行劳动合同的，用人单位应当继续履行；劳动者不要求继续履行劳动合同或者劳动合同已经不能继续履行的，用人单位应当依照劳动合同法规定的经济补偿标准的 <u>2 倍</u>向劳动者支付赔偿金。

——**易混淆点**：2 倍，经济补偿；3 倍，赔偿金

采分点 74：集体合同草案应当提交<u>职工代表大会或者全体职工</u>讨论通过。

——**易混淆点**：工会；股东大会；董事会

采分点 75： 企业的集体合同应由企业工会代表企业职工与企业订立。(2009 年考试涉及)

——**易混淆点**：企业每一名职工；企业指定的职工；企业绝大部分职工

采分点 76： 集体合同可分为专项集体合同、行业性集体合同和区域性集体合同。

——**易混淆点**：企业集体合同；专业集体合同；专门集体合同

采分点 77： 企业职工一方与用人单位可以订立劳动安全卫生、女职工权益保护或工资调整机制等专项集体合同。

——**易混淆点**：行业性集体合同；专门集体合同；专业集体合同

采分点 78： 在县级以下区域内，建筑业、采矿业和餐饮服务业等行业可以由工会与企业方面代表订立行业性集体合同或区域性集体合同。

——**易混淆点**：专项集体合同；专门集体合同

采分点 79： 集体合同订立后，应当报送劳动行政部门，劳动行政部门自收到集体合同文本之日起15 日内未提出异议的，集体合同即行生效。

——**易混淆点**：5 日内；10 日内

采分点 80： 行业性或区域性集体合同对当地本行业、本区域的用人单位和劳动者具有约束力。

——**易混淆点**：专项集体合同；专业集体合同

采分点 81： 集体合同中的劳动报酬和劳动条件等标准不得低于当地人民政府规定的最低标准。

——**易混淆点**：平均标准

采分点 82： 劳务派遣的劳动合同由劳务派遣单位与劳动者签订。该劳动合同除了应当具备一般劳动合同应当具备的条款外，还应当载明被派遣劳动者的用工单位、派遣期限和工作岗位等情况。

——**易混淆点**：人员数量；社会保险费的数额与支付方式；违反协议的责任

采分点 83：劳务派遣单位应当与被派遣劳动者订立 2 年以上的固定期限劳动合同，并按月支付劳动报酬。

    ——**易混淆点**：2 年以上的临时性；无固定期限

采分点 84：被派遣劳动者在无工作期间，劳务派遣单位应当按照所在地人民政府规定的最低工资标准，向其按月支付报酬。

    ——**易混淆点**：平均工资标准

采分点 85：非全日制用工是指以小时计酬为主，劳动者在同一用人单位一般平均每日工作时间不超过 4 小时，每周工作时间累计不超过 24 小时的用工形式。

    ——**易混淆点**：3 小时，16 小时；10 小时，18 小时

采分点 86：非全日制用工双方当事人中的任何一方都可以随时通知对方终止用工。用人单位不向劳动者支付经济补偿。

    ——**易混淆点**：提前通知，需要向劳动者支付

采分点 87：非全日制用工小时计酬标准不得低于用人单位所在地人民政府规定的最低小时工资标准。

    ——**易混淆点**：平均

采分点 88：非全日制用工劳动报酬结算支付周期最长为 15 日。（2010 年考试涉及）

    ——**易混淆点**：7 日；10 日；20 日

第 19 章

档案法（2Z201190）

【重点提示】

2Z201191　掌握建设工程档案的种类

2Z201192　掌握建设工程档案的移交程序

【采分点精粹】

采分点 1：《档案法》分为 6 章，共 27 条。

　　——**易混淆点：** 4 章，共 20 条；5 章，共 24 条

采分点 2： 由建设部、国家质量监督总局联合发布的《建设工程文件归档整理规范》，自 2001 年 7 月 1 日起实施。

　　——**易混淆点：** 3 月 5 日；5 月 1 日

采分点 3： 根据国家标准《建设工程文件归档整理规范》的规定，"建设工程档案"是指在工程建设活动中直接形成的具有归档保存价值的文字、图表或声像等各种形式的历史记录。

　　——**易混淆点：** 在工程设计、施工等阶段形成的文件；在工程竣工验收后，真实反映建设工程项目施工结果的图样；在工程立项、勘察、设计和招标等工程准备阶段形成的文件

采分点 4： 根据《建设工程文件归档整理规范》的规定，地基处理记录、工程图纸设计变更记录和工程质量检验记录应当归档。

　　——**易混淆点：** 建设工程竣工验收记录

采分点 5：工程准备阶段文件是指工程项目开工以前，在立项、审批、征地、勘察、设计和招投标等工程准备阶段形成的文件。

———**易混淆点**：监理

采分点 6：应该归档的建设工程文件主要包括：工程准备阶段文件、监理文件、施工文件、竣工图和竣工验收文件。

———**易混淆点**：设计文件

采分点 7：应当归档的工程准备阶段文件主要包括：立项文件；建设用地、征地和拆迁文件；勘察、测绘和设计文件；招投标文件；开工审批文件；财务文件；建设、施工、监理机构及负责人名单。

———**易混淆点**：进度控制文件；造价控制文件

采分点 8：应当归档的建设用地、征地和拆迁文件主要包括：①选址申请及选址规划意见通知书；②用地申请报告及县级以上人民政府城乡建设用地批准书；③拆迁安置意见、协议和方案等；④建设用地规划许可证及其附件；⑤划拨建设用地文件；⑥国有土地使用证。

———**易混淆点**：地形测量和拔地测量成果报告；申报的规划设计条件和规划设计条件通知书

采分点 9：根据《建设工程文件归档整理规范》的规定，监理规划、监理通知及监理工作总结属于应当归档的监理文件。

———**易混淆点**：监理委托合同；工程项目监理机构及负责人名单

采分点 10：应该归档的工程施工技术准备文件包括：施工组织设计、技术交底、图纸会审记录、施工预算的编制和审查，以及施工日志等。

———**易混淆点**：工程定位测量资料；施工安全措施；控制网设置资料

采分点 11：应当归档的施工现场准备文件主要包括：控制网设置资料、工程定位测量资料、基槽开挖线测量资料、施工安全措施和施工环保措施等。

———**易混淆点**：基槽测量复核记录

采分点 12：工程图纸变更记录在建设单位应永久保管。

——**易混淆点**：长期；短期；暂时

采分点 13：工程图纸变更记录包括：设计会议会审记录、设计变更记录和工程洽商记录等。

——**易混淆点**：图纸修改意见记录；设计交底记录；设计评定记录

采分点 14：应当归档的施工记录主要包括：工程定位测量检查记录、预检工程检查记录、沉降观测记录、结构吊装记录、工程竣工测量、新型建筑材料和施工新技术等。

——**易混淆点**：工程质量检验记录；施工试验记录；隐蔽工程检查记录

采分点 15：应当归档的工程质量检验记录包括：检验批质量验收记录、分项工程质量验收记录、基础及主体工程验收记录和分部（子分部）工程质量验收记录。

——**易混淆点**：系统调试；隐蔽工程；设备安装工程

采分点 16：竣工验收阶段的主要文件有竣工图和竣工验收文件。

——**易混淆点**：施工图；竣工报告

采分点 17：建筑安装工程竣工验收记录包括：单位（子单位）工程质量验收记录、竣工验收证明书、竣工验收报告、竣工验收备案表和工程质量保修书。

——**易混淆点**：鉴定书；意见书；人员一览表

采分点 18：建设单位在工程招标及与勘察、设计、施工和监理等单位签订协议、合同时，应对工程文件的套数、费用、质量和移交时间等提出明确要求。

——**易混淆点**：形式

采分点 19：在工程建设过程中，勘察、设计、施工和监理等单位应将本单位形成的工程文件立卷后向建设单位移交。

——**易混淆点**：城建档案馆；上级主管部门

采分点 20：施工过程中的质量控制文件应由建设单位收集和整理后进行立卷归档。（2008年考试涉及）

——**易混淆点**：施工单位；监理单位；设计单位

采分点 21：《建设工程文件归档整理规范》规定，对与工程建设有关的重要活动、记载工程建设<u>主要过程和现状</u>，以及具有保存价值的各种载体文件，均应收集齐全，整理立卷后归档。

　　——**易混淆点**：主要阶段和质量状况；安全和质量状况；进度与质量状况

采分点 22：《建设工程文件归档整理规范》规定，归档的文件必须经过<u>分类</u>整理，并应组成符合要求的案卷。

　　——**易混淆点**：立卷；归档；科学

采分点 23：工程档案一般不少于<u>两套</u>，<u>一套</u>由建设单位保管，一套（原件）移交当地城建档案馆（室）。（2008 年考试涉及）

　　——**易混淆点**：三套，两套

采分点 24：勘察、设计、施工和监理等单位向建设单位移交档案时，应编制<u>移交清单</u>，双方签字、盖章后方可交接。

　　——**易混淆点**：移交说明；移交证明；移交公证

采分点 25：列及城建档案馆（室）档案接收范围的工程，建设单位在组织工程竣工验收前，应提请城建档案管理机构对工程档案进行预验收。

　　——**易混淆点**：建设主管部门；质量检验部门；规划主管部门

采分点 26：城建档案管理部门在进行工程档案预验收时，重点验收内容包括六个方面，即验收文件<u>材质</u>、<u>幅面</u>、<u>书写</u>、<u>绘图</u>、<u>用墨</u>和托裱等符合要求。

　　——**易混淆点**：照片

采分点 27：《建设工程文件归档整理规范》规定，列入城建档案馆（室）接收范围的工程，建设单位在工程竣工验收后<u>3 个月</u>内，必须向城建档案馆（室）移交一套符合规定的工程档案。

　　——**易混淆点**：4 个月；5 个月

采分点 28：《建设工程文件归档整理规范》规定，<u>停建、缓建</u>建设工程的档案，暂由建设
单位保管。

    ——**易混淆点**：待建；扩建

采分点 29：改建、扩建和维修工程，建设单位应当组织设计、施工单位据实修改、补充和
完善原工程档案。对于改变的部件，应当重新编制工程档案，并在工程竣工验
收后 <u>3 个月</u>内向城建档案馆（室）移交。

    ——**易混淆点**：4 个月；5 个月

采分点 30：国家发展和改革委员会委托的省级政府投资主管部门组织验收的项目，由
<u>省级档案行政管理部门</u>组织项目档案的验收。

    ——**易混淆点**：国家档案局；中央主管部门档案机构

采分点 31：省以下各级政府投资主管部门组织验收的项目，由<u>同级</u>档案行政管理部门组织
项目档案的验收。

    ——**易混淆点**：上一级；上级

采分点 32：中央主管部门档案机构组织的项目档案验收，验收组由<u>中央主管部门档案机构
及项目所在地省级档案行政管理部门</u>等单位组成。

    ——**易混淆点**：国家档案局、中央主管部门和项目所在地省级档案行政管理部门

采分点 33：项目档案验收组人数由不少于 <u>5 人</u>的单数组成，组长由验收组织单位人员担任。

    ——**易混淆点**：3 人；7 人；9 人

采分点 34：项目建设单位（法人）应向项目档案验收组织单位报送档案验收申请报告，并
填报《重大建设项目档案验收申请表》。项目档案验收组织单位应在收到档案
验收申请报告的 <u>10 个工作日</u>内做出答复。

    ——**易混淆点**：10 日；15 个工作日

采分点 35：申请项目档案验收应具备的条件有：①项目主体工程和辅助设施已按照设计建
成，能满足生产或使用的需要；②项目试运行指标考核合格或者达到设计能力；

③完成了项目建设全过程文件材料的收集、整理与归档工作；④基本完成了项目档案的分类、组卷和编目等整理工作。

——**易混淆点**：文件材料的收集、整理与归档工作基本结束；项目档案的分类、组卷和编目等整理工作已经开始

采分点 36：项目档案验收申请报告的主要内容包括：①项目建设及项目档案管理概况；②保证项目档案的完整、准确，系统所采取的控制措施；③项目文件材料的形成、收集、整理与归档情况，竣工图的编制情况及质量状况；④档案在项目建设、管理和试运行中的作用；⑤存在的问题及解决措施。

——**易混淆点**：项目档案的分类、组卷等整理情况

采分点 37：根据《重大建设项目档案验收办法》的规定，项目档案验收应在项目竣工验收3个月之前完成。（2009 年考试涉及）

——**易混淆点**：1 个月；2 个月；4 个月

采分点 38：项目档案验收组可以采用质询、现场查验或抽查案卷的方式，对项目档案进行检查。

——**易混淆点**：问卷调查；随机走访

采分点 39：项目档案验收组在检查项目档案时，抽查档案的数量应不少于100 卷，抽查重点为项目前期管理性文件、隐蔽工程文件、竣工文件、质检文件、重要合同和协议等。

——**易混淆点**：110 卷；120 卷

采分点 40：项目档案验收组对某重大工程档案进行了验收，并签署了验收意见。项目档案验收意见的主要内容包括：项目建设概况、项目档案管理情况、存在的问题、整改要求与建议。

——**易混淆点**：项目档案使用情况

采分点 41：对于项目档案验收不合格的项目，由项目档案验收组提出整改意见，要求项目建设单位（法人）于项目竣工验收前对存在的问题限期整改，并进行复查。

——**易混淆点**：设计单位；施工单位；监理单位

管理制度和纳税申报制度。

——**易混淆点**：税务登记变更制度

采分点 6：根据《中华人民共和国税收征收管理法》的有关规定，企业及其在外地设立的分支机构等从事生产、经营的纳税人，应当自领取营业执照之日起 <u>30 日</u>内，向税务机关申报办理税务登记。

——**易混淆点**：40 日；45 日；50 日

采分点 7：根据《中华人民共和国税收征收管理法》的规定，税务登记内容发生变化的，纳税人应当自办理工商变更登记之日起 30 日内或办理工商注销登记前，向税务机关申报办理<u>变更或者注销税务登记</u>。

——**易混淆点**：纳税报告；纳税保证

采分点 8：从事生产、经营的纳税人应当按照国家的有关规定，持税务登记证件，在银行或者其他金融机构开立<u>基本存款账户</u>和其他账户，并将其全部账号向税务机关报告。

——**易混淆点**：一般存款账户；临时存款账户；专用存款账户

采分点 9：根据《中华人民共和国税收征收管理法》的规定，依法设立的公司必须持有税务登记证件才能：<u>开立银行账户</u>；申请减税、免税和退税；申请办理延期申报或延期缴纳税款；领购发票；申请开具外出经营活动税收管理证明；办理停业、歇业等。

——**易混淆点**：办理营业执照

采分点 10：根据《中华人民共和国税收征收管理法》的规定，从事生产、经营的纳税人和扣缴义务人必须按照国务院财政及税务主管部门规定的保管期限保管<u>账簿、记账凭证、完税凭证</u>及其他有关资料，以上资料不得伪造、变造或者擅自损毁。

——**易混淆点**：公司经营活动分析资料；减税、免税、退税证件；经营活动税收管理证明

采分点 11：根据《中华人民共和国税收征收管理法》的规定，纳税人必须依照法律、行政法规规定或者税务机关依照法律、行政法规的规定确定的申报期限和申报内容如实地办理纳税申报，报送<u>纳税申报表、财务会计报表</u>，以及税务机关根据实际需要要求纳税人报送的其他纳税资料。

——**易混淆点**：特许经营证；免疫合格证

【重点提示】

2Z201201　熟悉纳税人的权利和义务

2Z201202　了解税务管理的制度

【采分点精粹】

采分点 1： 根据《中华人民共和国税收征收管理法》的有关规定，纳税人因有特殊困难，不能按期缴纳税款的，经县级以上税务局（分局）批准，可以延期缴纳税款；但是最长不得超过 **3 个月**。（2007 年考试涉及）

——**易混淆点：** 1 个月；2 个月

采分点 2： 根据《中华人民共和国税收征收管理法》的规定，纳税人未按照规定期限缴纳税款的，扣缴义务人未按照规定期限解缴税款的，税务机关除责令限期缴纳外，从滞纳税款之日起，按日加收滞纳税款**万分之五**的滞纳金。（2010、2009 年考试涉及）

——**易混淆点：** 万分之一；千分之一；千分之五

采分点 3：《中华人民共和国税收征收管理法》规定，欠缴税款的纳税人或者其法定代表人需要出境的，应当在出境前向税务机关结清应纳税款、滞纳金或者提供担保。未采取以上措施的，税务机关可以通知出境管理机关阻止其出境。

——**易混淆点：** 向法院申请强制执行

采分点 4： 根据《中华人民共和国税收征收管理法》的有关规定，欠缴税款数额较大的纳税人在处分其不动产或者大额资产之前，应当向税务机关报告。

——**易混淆点：** 提交登记证件；提交账簿凭证；提供纳税担保

采分点 5： 税务管理是税收征管程序中的基础性环节，主要包括：税务登记制度、账簿凭证

第**21**章

建设工程法律责任（2Z201210）

【重点提示】

2Z201211 掌握民事责任的种类和承担民事责任的方式

2Z201212 掌握工程建设领域常见行政责任种类和行政处罚程序

2Z201213 掌握犯罪构成与刑罚种类

2Z201214 熟悉工程建设领域犯罪构成

【采分点精粹】

采分点 1：建设工程法律责任主要包括：<u>民事责任、行政责任和刑事责任</u>。

——**易混淆点**：司法责任；宪法责任

采分点 2：我国《民法通则》根据民事责任的承担原因，将民事责任主要划分为两类，即<u>违约责任和侵权责任</u>。

——**易混淆点**：违约责任和行政责任；侵权责任与刑事责任

采分点 3：根据侵权行为的构成要件、归责原则等的不同，可以将其分为<u>一般侵权行为与特殊侵权行为</u>。

——**易混淆点**：单独侵权行为与特殊侵权行为；积极侵权行为与消极侵权行为；侵害财产权的行为与侵害人身权的行为

采分点 4：故意侵占或毁损他人财物、诽谤他人名誉等诸如此类的行为属于<u>一般侵权行为</u>。

——**易混淆点**：特殊侵权行为

采分点 5：在公共场所、道旁或者通道上挖坑、修缮安装地下设施等，没有设置明显标志和采取安全措施造成第三者损害的，应由<u>施工人</u>承担民事责任。

　　——**易混淆点**：建设单位；监理单位

采分点 6： 在公共场所、道旁或者通道上挖坑、修缮安装地下设施等，没有设置明显标志和采取安全措施造成第三者损害的，对于此种行为应承担的责任属于<u>侵权责任</u>。

　　——**易混淆点**：违约责任；行政责任；刑事责任

采分点 7： <u>建筑物或者其他设施，以及建筑物上的搁置物或悬挂物发生倒塌、脱落、坠落造成他人的损害的</u>，属于特殊侵权行为，它的所有人或者管理人应当承担民事责任，但能够证明自己没有过错的除外。（2010 年考试涉及）

　　——**易混淆点**：某施工单位未按照合同约定工期竣工的；因台风导致工程损害的；某工程存在质量问题的

采分点 8： 侵权行为与违约行为的区别之一为：侵权行为违反的是<u>法定义务</u>，违约行为违反的是合同中的<u>约定义务</u>。

　　——**易混淆点**：约定义务，法定义务

采分点 9： 侵权行为与违约行为的区别之一为：侵权行为侵犯的是<u>绝对权</u>，违约行为侵犯的是<u>相对权</u>。

　　——**易混淆点**：相对权，绝对权

采分点 10： 绝对权是指义务人不确定，权利人无须通过义务人实施一定行为即可实现的权利。例如，<u>所有权、人身权</u>等。

　　——**易混淆点**：债权

采分点 11： 侵权行为与违约行为的区别之一为：<u>侵权行为</u>的法律责任包括财产责任和非财产责任，<u>违约行为</u>的法律责任仅限于财产责任。

　　——**易混淆点**：违约行为，侵权行为

采分点 12：《中华人民共和国民法通则》第一百三十四条规定，承担民事责任的方式主要有：停止侵害；排除妨碍；消除危险；返还财产；恢复原状；修理、重做、更换；赔偿损失；<u>支付违约金</u>；消除影响、恢复名誉；赔礼道歉等。（2009 年考试涉及）

　　——**易混淆点**：支付利息；支付定金

采分点 13： 在承担民事责任的主要形式中，<u>停止侵害</u>适用于侵权行为正在进行或仍在延续中，受害人可依法要求侵害人立即停止其侵害行为。

　　　　——**易混淆点：** 排除妨碍；消除危险；赔偿损失

采分点 14： 不法行为人实施的侵害行为使受害人无法行使或不能正常行使自己的财产权利和人身权利的，受害人有权请求<u>排除妨碍</u>。

　　　　——**易混淆点：** 停止侵害；赔礼道歉；消除危险

采分点 15： 行为人的行为对他人的人身和财产安全造成威胁，或存在着侵害他人人身或者财产的可能的，他人有权要求行为人采取有效措施<u>消除危险</u>。

　　　　——**易混淆点：** 停止侵害；排除妨碍；赔偿损失

采分点 16： 行政责任是指有违反有关行政管理的法律规范的规定，但尚未构成犯罪的行为所依法应当受到的法律制裁。行政责任主要包括行政处罚和<u>行政处分</u>。

　　　　——**易混淆点：** 纪律处分；刑事处分

采分点 17： 在我国工程建设领域，对于建设单位、勘察、设计单位、施工单位，以及工程监理单位等参建单位而言，<u>行政处罚</u>是更为常见的行政责任形式。

　　　　——**易混淆点：** 行政处分；刑事处分

采分点 18： 根据《中华人民共和国行政处罚法》第八条的规定，行政处罚的种类包括：警告；<u>罚款；没收违法所得、没收非法财物</u>；责令停产停业；暂扣或者吊销许可证、暂扣或者吊销执照；行政拘留；法律、行政法规规定的其他行政处罚。（2009年考试涉及）

　　　　——**易混淆点：** 罚金；管制；拘役

采分点 19： 按照《中华人民共和国行政处罚法》的规定，<u>行政法规</u>可以设定除限制人身自由以外的行政处罚。（2010 年考试涉及）

　　　　——**易混淆点：** 法律；部门规章；地方性法规

采分点 20： 根据《中华人民共和国行政处罚法》的规定，限制人身自由的行政处罚只能由法律设定。

——易混淆点：行政法规；部门规章；地方性法规

采分点 21：行政处分是国家行政机关依照行政隶属关系对违法失职的公务员给予的惩戒。

——易混淆点：行政处罚；行政制裁

采分点 22：依据《公务员法》，行政处分可分为：警告、记过、记大过、降级、撤职和开除。（2005 年考试涉及）

——易混淆点：没收非法财产；吊销营业执照；行政拘留

采分点 23：根据《公务员法》的规定，公务员在受处分期间不得晋升职务和级别，其中受记过、记大过、降级或撤职处分的，不得晋升工资档次。

——易混淆点：警告

采分点 24：行政处分具有的特点包括：①行政处分是国家行政法律规范规定的责任形式；②行政处分的主体是公务员所在的行政机关、上级主管部门或监察机关；③行政责任是一种内部责任形式，不涉及行政相对人的利益。

——易混淆点：组织内部依照组织章程、决议等做出；按严格的法定程序公开进行

采分点 25：《中华人民共和国行政处罚法》规定，公民、法人或者其他组织对行政机关所给予的行政处罚，享有陈述权和申辩权。

——易混淆点：复核权；调查权

采分点 26：结合《中华人民共和国行政处罚法》和《建设行政处罚程序暂行规定》的有关规定，公民、法人或者其他组织违反行政管理秩序的行为，依法应当给予行政处罚的，行政机关必须查明事实；违法事实不清的不得给予行政处罚。

——易混淆点：可以从轻

采分点 27：行政机关在做出行政处罚决定之前，应当告知当事人做出行政处罚决定的事实

理由及依据，并告知当事人依法享有的权利。

——**易混淆点**：可以有选择地

采分点 28：行政处罚的决定程序包括：简易程序、一般程序和听证程序。

——**易混淆点**：特别程序；完整程序；完全程序

采分点 29：简易程序是指针对违法事实确凿并有法定依据，对公民处以 50 元以下、对法人或者其他组织处以 1000 元以下罚款或警告的行政处罚而设定的行政处罚程序。

——**易混淆点**：100 元，2000 元；80 元，1500 元

采分点 30：建设主管部门对监理公司进行吊销资质证书的处罚应遵守的处罚程序为听证程序。

——**易混淆点**：简易程序；一般程序；执行程序

采分点 31：听证程序是指针对行政执法机关做出吊销资质证书、执业资格证书、责令停产停业、责令停业整顿、责令停止执业业务、没收违法建筑物、构筑物和其他设施，以及处以较大数额罚款等行政处罚而设定的行政处罚程序。

——**易混淆点**：警告；拘役

采分点 32：在构成犯罪的要件中，犯罪客体揭示了犯罪所侵害的社会主义社会关系的具体性质和种类，是决定犯罪的社会危害性的首要因素。

——**易混淆点**：犯罪的客观方面；犯罪主体；犯罪的主观方面

采分点 33：按照对犯罪主体是否有特定要求，犯罪主体可分为一般主体和特殊主体。

——**易混淆点**：平等主体；财产主体

采分点 34：附加刑可以附加主刑适用，也可以单独适用。

——**易混淆点**：不可以

采分点 35： 有期徒刑属于刑事责任的承担方式。（2005 年考试涉及）

  ——**易混淆点：** 警告；没收违法所得；拘留

采分点 36： 根据我国《刑法》第三十三条的规定，主刑的种类包括：**管制、拘役、有期徒刑、无期徒刑和死刑。**

  ——**易混淆点：** 罚金；没收财产；剥夺政治权利

采分点 37： 管制是对罪犯不予关押，但限制其一定自由，由公安机关执行和群众监督改造的刑罚方法。管制具有一定的期限，管制的期限为 3 个月以上 2 年以下，数罪并罚时不得超过 3 年。

  ——**易混淆点：** 2 个月以上 3 年以下，1 年；1 个月以上 1 年以下，2 年

采分点 38： 管制的刑期从判决执行之日起计算，判决前先行羁押的，羁押 1 日抵折刑期 2 日。

  ——**易混淆点：** 拘役；有期徒刑；无期徒刑

采分点 39： 拘役是短期剥夺犯罪人自由，就近实行劳动的刑罚方法。拘役的期限为 1 个月以上 6 个月以下，数罪并罚时不得超过 1 年。

  ——**易混淆点：** 1 个月，3 个月，2 年；2 个月，8 个月，3 年

采分点 40： 拘役和有期徒刑的刑期从判决执行之日起计算，判决执行前先行羁押的，羁押 1 日抵折刑期 1 日。

  ——**易混淆点：** 管制；无期徒刑

采分点 41： 拘役由公安机关在就近的拘役所、看守所或者其他监管场所执行。在执行期间，受刑人每月可以回家一天至两天。参加劳动的，可以酌量发给报酬。

  ——**易混淆点：** 两天至三天；三天至四天

采分点 42： 有期徒刑是剥夺犯罪分子一定期限的人身自由，实行劳动改造的刑罚方法。有期徒刑的期限为 6 个月以上 15 年以下，数罪并罚时不得超过 20 年。

  ——**易混淆点：** 3 个月，10 年，15 年；6 个月，10 年，18 年

采分点 43：根据我国《刑法》第三十四条的规定，附加刑的种类有：<u>罚金、剥夺政治权利和没收财产</u>。

      ——**易混淆点**：管制；拘役

采分点 44：剥夺政治权利的同时即剥夺了<u>选举权与被选举权</u>，以及言论、出版、集会、结社、游行和示威自由的权利。

      ——**易混淆点**：言论权；人身自由权

采分点 45：<u>重大责任事故罪</u>是指在生产、作业中违反有关安全管理的规定，或者强令他人违章冒险作业，因而发生重大伤亡事故或者造成其他严重后果的行为。

      ——**易混淆点**：重大劳动安全事故罪；工程重大安全事故罪

采分点 46：项某是某建筑公司的司机，在一工地驾车作业时违反操作规程，不慎将一名施工工人轧死，对项某的行为应当按<u>重大责任事故罪</u>处理。

      ——**易混淆点**：过失致人死亡罪；交通肇事罪；意外事件

采分点 47：重大责任事故罪的犯罪主体是<u>一般主体</u>，包括：建筑企业的安全生产从业人员、安全生产管理人员，以及对安全事故负有责任的包工头、无证从事生产和作业的人员等。

      ——**易混淆点**：特殊主体

采分点 48：某建筑工地负责人张某为防止有人侵入工地偷钢材，在工地周围拉电网，并在电网前设置了警示标记。一日晚，王某偷钢材不慎触电，经送医院抢救无效身亡。张某对这种结果的主观心理态度是<u>过于自信的过失</u>。

      ——**易混淆点**：直接故意；间接故意；疏忽大意的过失

采分点 49：某施工单位违反有关安全管理规定，因而发生重大伤亡事故，造成一名工人死亡，数名工人受伤。该行为涉嫌触犯<u>重大劳动安全事故罪</u>。

      ——**易混淆点**：重大责任事故罪；工程重大安全事故罪；以其他方式危害公共安全罪

采分点 50：重大劳动安全事故罪的主体是<u>特殊主体</u>，即直接负责的主管人员和其他直接责任人员。

    ——**易混淆点**：一般主体

采分点 51：<u>工程重大安全事故罪</u>是指建设单位、设计单位、施工单位或工程监理单位违反国家规定，降低工程质量标准，造成重大安全事故的行为。（2009 年考试涉及）

    ——**易混淆点**：重大劳动安全事故罪；重大责任事故罪

第2部分

合同法（2Z202000）

第 1 章

合同法的原则及合同分类（2Z202010）

【重点提示】

2Z202011　熟悉合同法原则及调整范围

2Z202012　了解合同的分类

【采分点精粹】

采分点 1： 合同管理是工程项目管理的核心，质量、进度、成本、安全及信息等管理都与其密不可分。

　　——**易混淆点：** 安全管理；进度控制；投资控制

采分点 2： 合同法的基本原则包括：平等原则、自愿原则、公平原则、诚实信用原则和不得损害社会公共利益原则。

　　——**易混淆点：** 公正原则；公开原则

采分点 3： 平等原则是指地位平等的合同当事人，在权利义务对等的基础上，经充分协商达成一致，以实现互利互惠的经济利益目的的原则。这一原则包括 3 方面内容：①合同当事人的法律地位一律平等；②合同中的权利义务对等；③合同当事人必须就合同条款充分协商，取得一致，合同才能成立。

　　——**易混淆点：** 平等

采分点 4： 根据《中华人民共和国合同法》第四条的规定，自愿原则是合同法的重要基本原则。

　　——**易混淆点：** 平等原则；公平原则；诚实信用原则

采分点 5： 某市水利工程项目进行招标，招标人在行政部门领导的干预下选择了投标人甲建筑工程公司并与其签订了施工承包合同。该做法违反了《中华人民共和国合同法》中的<u>自愿原则</u>。

——**易混淆点：** 平等原则；公开原则；诚实信用原则

采分点 6： <u>自愿原则</u>体现了民事活动的基本特征，是民事关系区别于行政法律关系和刑事法律关系的特有原则。

——**易混淆点：** 平等原则；公开原则；诚实信用原则

采分点 7： 根据《中华人民共和国合同法》的规定，当事人依法享有自愿订立合同的权利，自愿原则贯彻合同活动的全过程，其内容包括：<u>订不订立合同自愿</u>；与谁订立合同自愿；合同内容由当事人在不违法的情况下自愿约定；在合同履行过程中，当事人可以协议补充或协议变更有关内容；双方可以协议解除合同；当事人可以自愿选择解决争议的方式。

——**易混淆点：** 当事人订立合同、履行合同绝对自由

采分点 8： <u>公平原则</u>是社会公德的体现，符合商业道德的要求。将其作为合同当事人的行为准则，可以防止当事人滥用权力，有利于保护当事人的合法权益，维护和平衡当事人之间的利益。

——**易混淆点：** 平等原则；自愿原则

采分点 9： 诚实信用原则要求当事人在订立、履行合同，以及合同终止后的全过程中，都要诚实，讲信用，相互协作。诚实信用原则具体包括：①在订立合同时，<u>不得有欺诈或其他违背诚实信用的行为</u>；②在履行合同义务时，当事人应当遵循诚实信用的原则，根据合同的性质、目的和交易习惯履行及时通知、协助、提供必要的条件、防止损失扩大和保密等义务；③合同终止后，当事人也应当遵循诚实信用的原则，根据交易习惯履行通知、协助和保密等义务。

——**易混淆点：** 当事人法律地位平等；当事人可自愿签订合同；当事人之间的权利义务要公平合理

采分点 10： 根据《中华人民共和国合同法》的规定，狭义的合同是指<u>债权合同</u>。（2005 年考试涉及）

————**易混淆点**：物权合同；身份合同；行政合同；劳动合同

采分点 11：现行合同法可以调整狭义的合同。

————**易混淆点**：广义的合同

采分点 12：根据《中华人民共和国合同法》的规定，有关身份关系的合同、有关政府行使行政管理权的行政合同、劳动合同和政府间协议等不属于我国合同法的调整范围。（2009 年考试涉及）

————**易混淆点**：赠与合同；债权合同

采分点 13：政府特许经营合同、公务委托合同、公益捐赠合同、行政奖励合同和行政征用补偿合同适用于各行政管理法。

————**易混淆点**：合同法

采分点 14：一般政府采购行为所订立的合同，以及国家以国有资产所有者身份参与出资、转让股权所订立的合同适用合同法。

————**易混淆点**：公益捐赠合同；行政征用补偿合同

采分点 15：根据法律是否规定一定名称并有专门规定为标准，合同可以分为有名合同与无名合同。

————**易混淆点**：双务合同与单务合同；有偿合同与无偿合同；诺成合同与实践合同

采分点 16：建设工程施工合同属于双务合同、有偿合同和要式合同。（2010 年考试涉及）

————**易混淆点**：实践合同

采分点 17：从实践来看，无名合同大量存在，是合同的常态。

————**易混淆点**：有名合同

采分点 18：根据当事人双方是否互负对待给付义务，合同可以分为双务合同和单务合同。

————**易混淆点**：诺成合同和实践合同；有偿合同和无偿合同

采分点 19: 双务合同是当事人之间互负义务的合同。例如<u>买卖合同、租赁合同、借款合同、加工承揽合同和建设工程合同</u>等。

———**易混淆点**：赠与合同；借用合同

采分点 20: 甲施工单位向乙银行申请贷款 200 万元。甲提交了丙汽车制造厂和丁市公安局各自为其出具的还款付息保证书。甲因经营不善，造成严重亏损，不能按期还本付息。甲与乙经过协商，达成延期两年还款协议，并通知了保证人。甲与乙签订的有效合同属于<u>双务有偿合同</u>。（2008 年考试涉及）

———**易混淆点**：单务合同；实践合同；无名合同

采分点 21: 单务合同是只有一方当事人负担义务的合同。例如，<u>赠与合同、借用合同</u>等。

———**易混淆点**：买卖合同；租赁合同；借款合同

采分点 22: 根据当事人是否可以从合同中获取某种利益为标准，可以将合同分为<u>有偿合同和无偿合同</u>。

———**易混淆点**：有名合同和无名合同；要式合同和不要式合同

采分点 23: 以合同的成立是否必须交付标的物为标准，合同可分为<u>诺成合同和实践合同</u>。

———**易混淆点**：要式合同和不要式合同；双务合同和单务合同

采分点 24: 诺成合同是指当事人各方的意思表示一致即告成立的合同，如<u>委托合同，勘察、设计合同</u>等。

———**易混淆点**：保管合同；定金合同；借款合同

采分点 25: 不以标的物的交付为成立要件的合同是<u>诺成合同</u>。

———**易混淆点**：不要式合同；实践合同

采分点 26: 实践合同又称要物合同，是指除双方当事人的意思表示一致后，尚需交付标的物才能成立的合同，如<u>保管合同、定金合同</u>等。

———**易混淆点**：委托合同；勘察、设计合同

采分点 27： 根据合同的成立是否必须采取一定形式为标准，可以将合同划分为<u>要式合同和不要式合同</u>。

　　——**易混淆点：** 诺成合同和实践合同；单务合同和双务合同

采分点 28： 要式合同是指法律或当事人必须具备特定形式的合同，例如，<u>建设工程合同</u>应当采用书面形式，就是要式合同。（2010 年考试涉及）

　　——**易混淆点：** 自然人之间签订的借款合同

采分点 29： 不要式合同是指法律或当事人不要求必须具备一定形式的合同。在实践中，以<u>不要式合同居多</u>。

　　——**易混淆点：** 要式合同

采分点 30： 根据条款是否预先拟定，可以将合同分为<u>格式合同和非格式合同</u>。

　　——**易混淆点：** 要式合同和不要式合同；诺成合同和实践合同；双务合同和单务合同

采分点 31： <u>格式合同</u>又称为定式合同、附和合同或一般交易条件，它是当事人一方为与不特定的多数人进行交易而预先拟定的，且不允许相对人对其内容做任何变更的合同。

　　——**易混淆点：** 非格式合同；诺成合同；不要式合同

采分点 32： 提供格式条款一方免除其责任、加重对方责任或排除对方主要权利的，该格式条款<u>无效</u>。（2009 年考试涉及）

　　——**易混淆点：** 可撤销；可变更

采分点 33： 对格式条款的理解发生争议的，应当按照通常理解予以解释。对格式条款有两种以上解释的，应当做出不利于提供格式条款一方的解释。格式条款和非格式条款不一致的，应当采用<u>非格式条款</u>。

　　——**易混淆点：** 格式条款

第 **2** 章

合同的订立 (2Z202020)

【重点提示】

2Z202021 掌握要约

2Z202022 掌握承诺

2Z202023 掌握合同的一般条款

2Z202024 掌握合同的形式

2Z202025 掌握缔约过失责任

【采分点精粹】

采分点 1: 根据《中华人民共和国合同法》第十四条的规定,<u>要约</u>是指希望和他人订立合同的意思表示。(2005 年考试涉及)

——**易混淆点:** 要约邀请;新要约;承诺

采分点 2: 根据要约的概念可知,<u>投标书属于要约</u>。(2009、2005 年考试涉及)

——**易混淆点:** 拍卖公告;招标公告;商品价目表

采分点 3: 从性质上讲,施工企业的投标行为属于<u>要约</u>。(2010 年考试涉及)

——**易混淆点:** 要约邀请;承诺;询价

采分点 4: 在要约的方式中,寄送订货单、信函、电报、传真和电子邮件等方式属于<u>书面形式</u>。

——**易混淆点:** 默认形式;形为方式

采分点 5:《中华人民共和国合同法》第十六条规定,要约在<u>到达受要约人</u>时生效。

——**易混淆点**：发出之日；到达受要约人之次日

采分点 6：口头形式的要约自<u>受要约人了解要约内容时</u>发生效力。

——**易混淆点**：发出的次日；到达受要约人时

采分点 7：采用数据电子文件形式的要约，由收件人指定特定系统接收电文的，<u>自该数据电文进入该特定系统的时间起</u>，该要约发生效力。

——**易混淆点**：该数据电文进入收件人任何系统的首次时间

采分点 8：<u>要约的撤回</u>是指在要约发生法律效力之前，要约人使其不发生法律效力而取消要约的行为。

——**易混淆点**：要约的撤销；要约的失效

采分点 9：《中华人民共和国合同法》第十七条规定，要约可以撤回。但是，撤回要约的通知应当<u>在要约到达受要约人之前或与要约同时到达受要约人</u>。（2005 年考试涉及）

——**易混淆点**：在合同成立前；在受要约人发出承诺通知之前；在承诺通知到达要约人之前

采分点 10：甲企业于 2 月 1 日向乙企业发出签订合同的信函。2 月 5 日乙企业收到了该信函，第二天又收到了通知该信函作废的传真，甲企业发出传真。通知信函作废的行为属于要约<u>撤销</u>的行为。（2009 年考试涉及）

——**易混淆点**：发出；撤回；变更

采分点 11：《中华人民共和国合同法》第十八条规定，要约可以撤销。撤销要约的通知应当<u>在受要约人发出承诺通知之前到达受要约人</u>。（2010 年考试涉及）

——**易混淆点**：在受要约人发出承诺通知之后；与承诺通知同时；在合同成立之前

采分点 12：要约的撤回与要约的撤销在本质上是一样的，都是否定了已经发出的要约。其区别在于：要约的撤回发生在要约生效<u>之前</u>，而要约的撤销则是发生在要约生效<u>之后</u>。

——易混淆点：之后，之前

采分点 13： 根据《中华人民共和国合同法》的规定，在受要约人回复时，对要约的内容做实质性变更的，视为新要约。（2010 年考试涉及）

    ——易混淆点：仍视为原要约

采分点 14： 甲施工单位由于施工需要大量钢材，遂向乙供应商发出要约，要求其在一个月内供货，但数量待定，乙回函表示一个月内可供货 2000 吨，甲未做表示，则该供货合同未成立。（2010 年考试涉及）

    ——易混淆点：该供货合同成立；该供货合同已生效；该供货合同效力待定

采分点 15： 行为人做出的邀请他方向自己发出要约的意思表示是要约邀请。（2005 年考试涉及）

    ——易混淆点：反要约；新要约；承诺

采分点 16： 根据要约邀请的概念可知，招标公告、拍卖公告、一般商业广告、寄送价目表和招股说明书等均属于要约邀请。（2009 年考试涉及）

    ——易混淆点：投标书

采分点 17： 要约一经承诺并送达于要约人，合同即告成立。

    ——易混淆点：一经承诺

采分点 18： 承诺可以发生法律效力必须具备的条件包括：①承诺必须由受要约人向要约人做出；②承诺应在要约规定的期限内做出；③承诺的内容应当与要约的内容一致；④承诺的方式必须符合要约要求。

    ——易混淆点：由要约人向受要约人

采分点 19： 以信件做出并载明日期的要约，其承诺期限自信件载明的日期开始计算。

    ——易混淆点：投寄信件的邮戳日期；信件到达受要约人之日

采分点 20： 以电话、传真等快速通信方式做出的要约，其承诺期限自要约到达受要约人时开始计算。

　　——**易混淆点：** 受要约人正式确认要约；受要约人做出承诺

采分点 21： 承诺的内容应当与要约的内容一致，这里的一致是指受要约人必须同意要约的 <u>实质性内容</u>。

　　——**易混淆点：** 全部内容

采分点 22： 承诺对要约内容的非实质性变更指的是<u>承诺中增加的建议性条款</u>。（2005 年考 试涉及）

　　——**易混淆点：** 受要约人对合同条款中违约责任和解决争议方法的变更；承 诺中要求增加价款；受要约人对合同履行方式提出独立的 主张

采分点 23： 甲写信向乙借款，乙未写回信但直接将借款寄来，则表明乙通过<u>行为</u>的方式做 出承诺。

　　——**易混淆点：** 通知；缄默；默示

采分点 24： 缄默是指不做任何表示，即不行为，与默示<u>不同</u>。

　　——**易混淆点：** 相同

采分点 25： 甲施工企业于 2009 年 5 月 1 日向乙企业发出采购 70 吨钢材的要约，乙于 2009 年 5 月 5 日发出同意出售的承诺信件。2009 年 5 月 8 日信件寄至甲企业，时逢 其总经理外出，2009 年 5 月 9 日，总经理知悉了该信内容，遂于 2009 年 5 月 10 日电传告知乙收到承诺。该承诺自 <u>2009 年 5 月 8 日</u>起生效。

　　——**易混淆点：** 2009 年 5 月 5 日；2009 年 5 月 9 日；2009 年 5 月 10 日

　　【分析过程】 要约以信件做出但信件未载明日期的，其承诺期限自投寄该信件 的邮戳日期开始计算。2009 年 5 月 8 日信件寄至甲企业，即说明承诺已生效。 所以，该承诺自 2009 年 5 月 8 日起生效。

采分点 26： 要约没有确定承诺期限的，当要约以对话方式做出时，承诺应当<u>即时</u>到达，但 当事人另有约定的除外。

——**易混淆点**：*自受要约人正式确认时；自受要约人做出承诺时*

采分点 27：受要约人超过承诺期限发出承诺的为<u>新要约</u>。

——**易混淆点**：*原要约；新承诺*

采分点 28：根据《中华人民共和国合同法》的规定，承诺可以撤回，但撤回承诺的通知应<u>当在承诺通知到达要约人之前或者与承诺通知同时到达要约人</u>。

——**易混淆点**：*在承诺通知到达要约人之后发出*

采分点 29：根据《中华人民共和国合同法》的规定，<u>要约</u>可以撤回，也可以撤销。（2009 年考试涉及）

——**易混淆点**：*承诺*

采分点 30：根据《中华人民共和国合同法》的规定，承诺<u>只可以撤回，不可以撤销</u>。（2009 年考试涉及）

——**易混淆点**：*既可以撤回，也可以撤销*

采分点 31：根据《中华人民共和国合同法》中对一般条款的规定，各施工合同内均应明确约定的条款有：当事人的名称或姓名和住所；标的；数量；质量；价款或酬金；履行期限、地点和方式；<u>违约责任</u>；解决争议的方法。（2008 年考试涉及）

——**易混淆点**：*投保责任；赔偿责任；行政责任*

采分点 32：《中华人民共和国合同法》中规定的合同的一般条款中，自然人的户口所在地为住所地，若其经常居住地与户口所在地不一致，以其<u>经常居住地</u>作为住所地。

——**易混淆点**：*户口所在地*

采分点 33：《中华人民共和国合同法》中规定的合同的一般条款中，法人和其他组织的住所地是指<u>主要办事机构所在地或主要营业地</u>。

——**易混淆点**：*法人的经常居住地；法人的户口所在地*

采分点 34：根据《中华人民共和国合同法》的规定，<u>物资采购合同、设备租赁合同和借款合同</u>都是以财产为标的的合同。

> ——**易混淆点**：工程施工合同；委托监理合同

采分点 35：根据《中华人民共和国合同法》的规定，<u>委托监理合同</u>的标的是行为。

> ——**易混淆点**：物资采购合同；设备租赁合同

采分点 36：根据《中华人民共和国合同法》的规定，建设工程施工合同是一种以<u>特定工作成果</u>为标的的合同。

> ——**易混淆点**：有形财产；无形财产

采分点 37：在以财产为标的的合同中，取得标的物或接受劳务的当事人所支付的对价称为价款，如<u>买卖合同中的价金、租赁合同中的租金，以及借款合同中的利息</u>等。

> ——**易混淆点**：建设工程合同中的工程费；保管合同中的保管费；运输合同中的运费

采分点 38：在以劳务和工作成果为标的的合同中，取得标的物或接受劳务的当事人所支付的对价称为酬金，如<u>建设工程合同中的工程费、保管合同中的保管费，以及运输合同中的运费</u>等。

> ——**易混淆点**：买卖合同中的价金；租赁合同中的租金；借款合同中的利息

采分点 39：根据《中华人民共和国合同法》的规定，建设工程施工合同的主要履行地点为<u>项目土地所在地</u>。

> ——**易混淆点**：施工单位所在地；中标单位所在地

采分点 40：合同法中约定的争议解决方式主要为<u>仲裁和法院诉讼</u>。

> ——**易混淆点**：和解；调解；民事诉讼

采分点 41：根据《中华人民共和国合同法》的规定，合同形式可以以口头形式、书面形式和其他形式来体现，这也是合同<u>自愿原则</u>的应有之意。

> ——**易混淆点**：平等原则；公平原则

采分点 42： 根据法律规定，建设工程施工合同应当采用**书面形式**。

　　——**易混淆点：** 口头形式；书面形式和口头形式

采分点 43： 法律、行政法规规定或者当事人约定采用书面形式订立合同，当事人未采用书面形式但一方已经履行主要义务，对方接受的，该合同**成立**。

　　——**易混淆点：** 无效；需要重新签订书面合同

采分点 44： 根据《中华人民共和国合同法》的有关规定，行为推定形式的合同**有效**。

　　——**易混淆点：** 无效；担保后有效

采分点 45： 缔约过失责任是指一方因违背**诚实信用原则**所要求的义务而致使合同不成立，或者虽已成立但被确认无效或被撤销时，造成确信该合同有效成立的当事人信赖利益损失，而依法应承担的民事责任。

　　——**易混淆点：** 公平原则；不得损害社会公共利益原则；自愿原则

采分点 46： 缔约过失责任与违约过失责任的显著区别主要表现为<u>前者产生于订立合同阶段，后者产生于履行合同阶段</u>。（2010 年考试涉及）

　　——**易混淆点：** 前者需主观故意，后者需主观过失；前者是侵权责任，后者是合同责任；前者无须约定，后者需有约定

采分点 47： 根据《中华人民共和国合同法》的规定，缔约过失责任的构成要件有：①该责任发生在<u>订立合同的过程中</u>；②当事人违反了诚实信用原则所要求的义务；③受害方的信赖利益遭受损失。

　　——**易混淆点：** 合同成立后；合同生效后；合同履行阶段

采分点 48： <u>合同是否有效存在</u>是判定是否存在缔约过失责任的关键。

　　——**易混淆点：** 是否假借订立合同恶意进行磋商；是否提供虚假情况；是否故意隐瞒与订立合同有关的重要事实

采分点 49： 某建筑公司以欺骗手段超越资质等级承揽某工程施工项目，开工在即，建设单位得知真相，则其应该主张合同无效，要求建筑公司承担<u>缔约过失责任</u>。（2009

年考试涉及）

——**易混淆点**：违约责任；侵权责任；行政责任

采分点 50：违反先合同义务是认定缔约过失责任的重要依据，包括的情况有：①假借订立合同，恶意进行磋商；②故意隐瞒与订立合同有关的重要事实或者提供虚假情况；③违反有效要约或要约邀请，违反初步协议，未尽保护、照顾、通知和保密等附随义务，违反强制缔约义务；④泄漏或不正当使用商业秘密。

——**易混淆点**：使受害方的信赖利益遭受损失

第 3 章

合同的效力（2Z202030）

【重点提示】

2Z202031 掌握合同的生效

2Z202032 掌握无效合同

2Z202033 掌握可变更、可撤销合同

2Z202034 掌握效力待定合同

2Z202035 了解附条件和附期限合同

【采分点精粹】

采分点 1： 判断合同是否有效是履行合同的前提和依据。

——**易混淆点：** 诚实信用原则；判断合同是否成立

采分点 2： 不直接具有法律效力的合同根据具体根源的不同可分为无效的合同、可变更可撤销的合同和效力待定的合同。

——**易混淆点：** 附条件和附期限的合同

采分点 3： 合同成立是指当事人完成了签订合同过程，并就合同内容协商一致。

——**易混淆点：** 合同生效

采分点 4： 合同成立不同于合同生效。合同成立体现了当事人的意志，而合同生效体现了国家意志。

——**易混淆点：** 国家意志，当事人的意志

采分点 5： 合同成立并不意味着合同生效了。

——**易混淆点：** 也就是

采分点 6： 合同成立的根本标志是订约双方或者多方经协商后，<u>就合同的主要条款达成一致意见</u>。

    ——**易混淆点**：合同已经具有法律效力；合同符合法律规定

采分点 7： 当事人采用合同书形式订立合同的，合同自<u>双方当事人签字或者盖章</u>时成立。

    ——**易混淆点**：合同书送达双方当事人；双方当事人签字或者盖章的次日

采分点 8： 当事人在因特网上通过 MSN 进行磋商，商定最终需要签订合同确认书，双方的合同于<u>签订合同确认书时</u>成立。

    ——**易混淆点**：双方意思表示一致时；表示承诺的文字在 MSN 上显示时；双方就主要条款达成一致时

采分点 9： 在当事人采用数据电文形式订立合同时，<u>收件人的主营业地</u>为合同成立的地点。

    ——**易混淆点**：收件人的居住地；收件人的收件地

采分点 10： 在当事人采用数据电文形式订立合同时，若当事人没有主营业地，<u>其经常居住地</u>为合同成立的地点。

    ——**易混淆点**：接收数据电文所在地

采分点 11： 在当事人采用合同书形式订立合同时，<u>双方当事人签字或者盖章的地点</u>为合同成立的地点。

    ——**易混淆点**：任一方当事人的主营业地

采分点 12： 合同的生效要件有：①订立合同的当事人必须具有相应的民事权利能力和民事行为能力；②<u>意思表示真实</u>；③不违反法律、行政法规的强制性规定，不损害社会公共利益；④具备法律所要求的形式。

    ——**易混淆点**：意思表示一致

采分点 13： 根据最高人民法院《关于适用〈中华人民共和国合同法〉若干问题的解释（一）》第十条的规定，当事人<u>超越经营范围</u>订立合同的，人民法院不因此认定合同无效。

    ——**易混淆点**：违反国家限制经营规定；违反国家特许经营规定

采分点 14： 根据《中华人民共和国合同法》的规定，无效合同<u>自订立时起</u>就不具有法律效力。（2008 年考试涉及）

——**易混淆点：** 合同无效原因发现之日；合同无效确认之日

采分点 15： 根据《中华人民共和国合同法》的规定，当事人<u>不能通过</u>同意或追认使无效合同生效。

——**易混淆点：** 可以通过

采分点 16： 根据《中华人民共和国合同法》的规定，无论当事人是否知道其无效情况，无论当事人是否提出主张无效，<u>法院或仲裁机构</u>可以主动审查决定该合同无效。

——**易混淆点：** 主管部门；消费者协会

采分点 17： 根据《中华人民共和国合同法》的规定，如果合同部分无效，不影响其他部分效力的，<u>其他部分仍然有效</u>。（2006 年考试涉及）

——**易混淆点：** 合同所有条款也无效；其余部分也无效；其他部分由法院决定是否有效

采分点 18： 根据《中华人民共和国合同法》的规定，被确认为无效合同中的<u>解决争议条款</u>是具有效力的。

——**易混淆点：** 违约责任；付款方式

采分点 19： <u>一方以欺诈手段订立的损害国家利益的合同为无效合同。</u>

——**易混淆点：** 一方以欺诈手段订立的违背对方真实意思的合同

采分点 20： <u>恶意串通，损害国家、集体或者第三人利益的合同；以合法形式掩盖非法目的的合同</u>属于无效合同。（2005 年考试涉及）

——**易混淆点：** 乘人之危，使对方在违背真实意思情况下订立的合同

采分点 21： 以合法形式掩盖非法目的没有造成损害后果的合同<u>属于</u>无效合同。

——**易混淆点：** 不属于

采分点 22： 根据《中华人民共和国合同法》的规定，合同无效可以以<u>全国人大及其常委会制定的法律或国务院制定的行政法规</u>为依据。

——**易混淆点：** 地方性法规；行政规章

采分点 23： 根据《中华人民共和国合同法》的规定，违反了法律、行政法规的<u>强制性规范</u>的合同为无效合同。

——**易混淆点：** 任意性规范

采分点 24： 免责条款是指当事人在合同中确立的排除或限制其未来责任的条款。根据《中华人民共和国合同法》的规定，免责条款无效的有：造成对方人身伤害的；因<u>故意或者重大过失</u>造成对方财产损失的。

——**易混淆点：** 不可抗力

采分点 25： 根据《中华人民共和国合同法》的有关规定，合同无效的法律后果包括：<u>返还财产、折价补偿、赔偿损失和收归国库所有等</u>。（2009 年考试涉及）

——**易混淆点：** 进行罚款；追究刑事责任

采分点 26： 对于施工合同，违法分包或转包属于恶意串通，损害国家、集体或者第三人利益的，人民法院可以根据民法通则<u>收缴当事人已经取得的非法所得</u>。

——**易混淆点：** 责令施工单位赔偿损失

采分点 27： 合同的变更或撤销是指因意思表示<u>不真实</u>，法律允许撤销权人通过行使撤销权，使已经生效的合同效力归于消灭或使合同内容变更。

——**易混淆点：** 不一致

采分点 28： 根据我国《中华人民共和国合同法》的规定，<u>因重大误解订立或订立时显失公平</u>的合同属于可变更或可撤销合同。（2005 年考试涉及）

——**易混淆点：** 以欺诈、胁迫的手段订立，损害国家利益的合同；以合法形式掩盖非法目的的合同；恶意串通，损害国家、集体或第三人利益的合同

采分点 29： 甲误将一幅赝品字画当做真品购买；甲公司入户推销笔记本电脑，不懂计算机
市场行情的老李以 3 万元购买了一台市值仅 2000 元的笔记本电脑；以上均属
于可变更、可撤销民事行为。（2007 年考试涉及）

    ——**易混淆点：** 甲在仔细研究了乙公司的经营状况和财务状况后，在证券公司
以每股 15 元的价格购买了乙公司的股份 5000 股，但第二天乙
公司的股票却跌至每股 10 元以下

采分点 30： 在导致合同变更与撤销的原因中，重大误解是指合同当事人因自己的过错（如
误认或者不知情等）对合同的内容发生错误认识而订立了合同并造成了重大损
失的情形。其构成条件有：①表意人因为误解做出了意思表示；②表意人的误
解是重大的；③误解是由表意人自己的过失造成的；④误解不应是表意人故意
发生的。

    ——**易混淆点：** 表意人保留了其真实意思

采分点 31： 在导致合同变更与撤销的原因中，显失公平是指一方当事人利用优势或利用对
方没有经验，致使双方的权利、义务明显不对等，使对方遭受重大不利，而自
己获得不平衡的重大利益。其构成要件有：①合同在订立时就显失公平；②合
同的内容在客观上利益严重失衡；③受有过高利益的当事人在主观上具有利用
对方的故意。

    ——**易混淆点：** 一方获得的利益超过了预期的利益

采分点 32： 合同订立后因为非当事人原因导致合同对一方当事人很不公平，此种情况不应
当按照显失公平合同来处理。

    ——**易混淆点：** 应当

采分点 33： 根据我国《中华人民共和国合同法》的规定，因欺诈或胁迫的手段订立合同而
损害国家利益的，应作为无效合同对待。

    ——**易混淆点：** 可撤销合同

采分点 34： 根据我国《中华人民共和国合同法》的规定，以欺诈或胁迫的手段订立合同但
未损害国家利益的，应作为可撤销合同处理。

    ——**易混淆点：** 无效合同

采分点 35：在某私人投资项目的建设中，甲施工企业要求乙供应商在双方已经协商一致的材料价格上再让利 10%，否则下半年及以后的订单不再给乙，乙表示同意。根据《中华人民共和国合同法》的规定，甲、乙之间的买卖合同因<u>胁迫而可撤销</u>。

　　——**易混淆点**：显失公平而无效；欺诈而可撤销；胁迫而无效

采分点 36：合同法未将欺诈或胁迫订立的合同一律做无效处理，充分体现了民法的<u>意思自治原则</u>，充分尊重被欺诈人及被胁迫人的意愿，并对维护交易安全具有重要意义。

　　——**易混淆点**：公平原则；平等原则

采分点 37：根据我国《中华人民共和国合同法》的规定，有以下情形之一的，撤销权消灭：①具有撤销权的当事人知道或应当知道<u>撤销事由之日起 1 年内</u>没有行使撤销权；②具有撤销权的当事人知道撤销事由后明确表示或者以自己的行为放弃撤销权。（2009、2006、2005 年考试涉及）

　　——**易混淆点**：权利受到侵害之日起 1 年内；撤销事由之日起半年内

采分点 38：可变更或可撤销合同被撤销后，其法律后果与无效合同后果<u>相同</u>。

　　——**易混淆点**：不同

采分点 39：效力待定合同需要通过<u>法院或者仲裁机构</u>来确定其合同效力。

　　——**易混淆点**：私人之间追认、催告

采分点 40：效力待定合同的类型有：限制民事行为能力人依法不能独立签订的合同；<u>无权代理人以被代理人名义订立的合同</u>；越权订立的合同；无处分权人订立的合同。（2005 年考试涉及）

　　——**易混淆点**：无民事行为能力人未经法定代理人同意订立的合同

采分点 41：限制民事行为能力人订立的<u>经过法定代理人追认的合同及纯获利益的合同</u>属于有效合同。（2007 年考试涉及）

　　——**易混淆点**：无权代理人以被代理人名义订立的合同

采分点 42：对于效力待定合同，相对人可以催告被代理人在 <u>1 个月</u>内予以追认。被代理人

未做表示的，视为拒绝追认，合同没有效力。（2009 年考试涉及）

——易混淆点：2 个月；3 个月；4 个月

采分点 43：无处分权人对财产享有<u>占有权和使用权</u>。

——易混淆点：转让权；赠与权

采分点 44：某建筑公司从本市租赁若干工程模板到外地施工，施工完毕后，因觉得模板运回来费用很高，建筑公司就擅自将该批模板处理了，后租赁公司同意将该批模板卖给该建筑公司，则建筑公司处理该批模板的行为<u>有效</u>。（2010 年考试涉及）

——易混淆点：无效；效力特定

采分点 45：甲乙采购合同约定，甲方交付 20%定金时，采购合同生效，该合同是<u>附生效条件的合同</u>。（2010 年考试涉及）

——易混淆点：附生效时间的合同；附解除条件的合同；附终止时间的合同

采分点 46：当事人对合同的效力可以约定附生效条件。附生效条件的合同自条件<u>成就</u>时生效。

——易混淆点：成立

采分点 47：某建筑公司为承揽一工程施工项目与某设备租赁公司签订了一份塔吊租赁合同，其中约定租赁期限至施工合同约定的工程竣工之日，则该合同是<u>附期限的合同，期限届满合同解除</u>。（2009 年考试涉及）

——易混淆点：附条件的合同，条件成就合同解除；附条件的合同，条件成就合同生效；附期限的合同，期限届满合同生效

第 **4** 章

合同的履行（2Z202040）

【重点提示】

2Z202041　掌握合同履行的规定

2Z202042　掌握抗辩权

2Z202043　熟悉代位权

2Z202044　了解撤销权

【采分点精粹】

采分点 1：当事人在履行合同过程中享有的权利主要包括：抗辩权、代位权和撤销权。

——易混淆点：请求权；支配权；留置权

采分点 2：根据《中华人民共和国合同法》的规定，合同当事人履行合同时，应遵循的原则有：全面、适当履行的原则；遵循诚实信用的原则；公平合理，促进合同履行的原则；当事人一方不得擅自变更合同的原则。

——易混淆点：平等自愿；公正公开

采分点 3：诚实信用原则是我国《民法通则》的基本原则，也是我国《合同法》的一项十分重要的原则，它贯穿于合同的订立、履行、变更和终止等全过程。

——易混淆点：全面、适当履行的原则；公平合理，促进合同履行的原则

采分点 4：根据《中华人民共和国合同法》第六十五条的规定，当事人约定第三人债务履行人时，若第三人不履行债务或者履行债务不符合约定，应由债务人向债权人承担违约责任。（2009 年考试涉及）

——易混淆点：第三人；债务人和第三人共同

采分点 5： 根据《中华人民共和国合同法》第六十四条的规定，当事人约定第三人为接受债务履行人时，若债务人未向第三人履行债务或者履行债务不符合约定的，债务人应当向<u>债权人</u>承担违约责任。

   ——**易混淆点：**第三人

采分点 6： 为了解决合同条款空缺的问题，《中华人民共和国合同法》第六十一条规定，在合同生效后，当事人就质量、价款或者报酬、履行地点等内容没有约定或者约定不明确的，可以<u>首先协议补充；不能达成补充协议的，按照合同有关条款或者交易习惯确定</u>。

   ——**易混淆点：**首先按照合同有关条款或者交易习惯确定

采分点 7：《中华人民共和国合同法》第六十二条规定，当事人对合同质量要求不明确的，按照国家标准或行业标准履行；没有国家标准或行业标准的，按照<u>通常标准或者符合合同目的的特定标准履行</u>。（2005年考试涉及）

   ——**易混淆点：**企业标准

采分点 8：《中华人民共和国合同法》第六十二条规定，在合同履行中如果价款或者报酬不明确的，应按照<u>订立合同时履行地的市场价格履行</u>。（2005年考试涉及）

   ——**易混淆点：**订立合同时履行地的政府定价；履行合同时履行地的政府定价；履行合同时履行地的市场价格

采分点 9：《中华人民共和国合同法》第六十二条规定，在合同履行中如果履行地点不明确，给付货币的，<u>在接受货币一方所在地履行</u>。（2008年考试涉及）

   ——**易混淆点：**支付货币一方所在地

采分点 10：《中华人民共和国合同法》第六十二条规定，合同履行中如果履行地点不明确，交付不动产的，<u>在不动产所在地履行</u>。（2008年考试涉及）

   ——**易混淆点：**履行义务一方所在地；接受义务一方所在地

采分点 11： 政府定价是指对于一些特殊的商品，政府不允许当事人根据供给和需求自行决定价格，而是由政府直接为该商品确定<u>价格</u>。

   ——**易混淆点：**价格的浮动区间

采分点 12：政府指导价是指对于一些特殊的商品，政府不允许当事人根据供给和需求自行决定价格，而是由政府直接为该商品确定价格的浮动区间。

　　——**易混淆点**：价格

采分点 13：《中华人民共和国合同法》规定，执行政府定价或者政府指导价的合同，在合同约定的交付期限内政府价格调整时，按照交付时的价格计价。（2005 年考试涉及）

　　——**易混淆点**：原价格；合同价格；原价格和新价格孰高

采分点 14：《中华人民共和国合同法》规定，执行政府定价或者政府指导价的合同，逾期交付标的物的，遇到价格上涨时，按照原价格执行；价格下降时，按照新价格执行。（2009、2006、2005 年考试涉及）

　　——**易混淆点**：新价格，原价格；市场价格，合同价格

采分点 15：《中华人民共和国合同法》规定，执行政府定价或者政府指导价的合同，逾期提取标的物或者逾期付款的，遇到价格上涨时，按照新价格执行；价格下降时，按照原价格执行。（2006、2005 年考试涉及）

　　——**易混淆点**：原价格，新价格；合同价格，市场价格

采分点 16：根据《最高人民法院关于审理建设工程施工合同纠纷案件适用法律问题的解释》的规定，承包人具有下列情形之一，发包人请求解除建设工程施工合同的，应予支持：①明确表示或者以行为表明不履行合同主要义务的；②合同约定的期限内没有完工，且在发包人催告的合理期限内仍未完工的；③已经完成的建设工程质量不合格，并拒绝修复的；④将承包的建设工程非法转包、违法分包的。

　　——**易混淆点**：不履行合同约定的协助义务

采分点 17：根据《最高人民法院关于审理建设工程施工合同纠纷案件适用法律问题的解释》的规定，致使承包人单位行使建设工程施工合同解除权的情形有：①发包人未按约定支付工程价款的；②发包人提供的主要建筑材料、建筑构配件和设备不符合强制性标准的；③发包人不履行合同约定的协助义务的。（2010、2009 年考试涉及）

　　——**易混淆点**：发包人坚决要求工程设计变更；发包人要求承担保修责任期限过长

采分点 18：《中华人民共和国合同法》第二百八十一条规定，因施工人的原因致使建设工程质量不符合约定的，发包人有权要求施工人在合同期限内<u>无偿</u>修理或者返工、改建。经过修理或者返工、改建后，造成逾期交付的，施工人应当承担违约责任。

　　　　——**易混淆点**：双方商议；双方共同出资

采分点 19：《中华人民共和国建筑法》第七十四条规定，承包方在施工中造成建筑工程质量不符合规定的质量标准的，发包方有权要求<u>返工、修理并赔偿因此造成的损失</u>。

　　　　——**易混淆点**：只支付部分工程价款；以施工质量不合格为由，拖延付款

采分点 20：根据《最高人民法院关于审理建设工程施工合同纠纷案件适用法律问题的解释》第十二条的规定，在施工过程中，造成建设工程的质量缺陷，应该由发包人承担过错责任的情形有：①<u>提供的设计有缺陷</u>；②提供或者指定购买的建筑材料、建筑构配件或设备不符合强制性标准；③<u>直接指定分包人分包专业工程</u>。

　　　　——**易混淆点**：所选定的承包商出现偷工减料的现象

采分点 21：根据《建设工程质量管理条例》第五十六条的规定，建设单位违反本条例规定，<u>任意压缩合理工期的</u>，应责令改正，并处 20 万元以上 50 万元以下的罚款。

　　　　——**易混淆点**：拖延支付工程价款的；提供的设计有缺陷的

采分点 22：根据《建设工程质量管理条例》第五十六条的规定，建设单位明示或者暗示设计单位或者施工单位违反工程建设强制性标准，降低工程质量的，责令改正，并处 <u>20 万元以上 50 万元以下</u>的罚款。

　　　　——**易混淆点**：10 万元以上 20 万元以下；50 万元以上 100 万元以下

采分点 23：按照《建筑工程质量管理条例》第十六条的规定，建设工程竣工验收应当具备的条件有：①<u>完成建设工程设计和合同约定的各项内容</u>；②有完整的技术档案和施工管理资料；③有工程使用的主要建筑材料、建筑构配件和设备的进场试验报告；④有勘察、设计、施工和工程监理等单位分别签署的质量合格文件；⑤有施工单位签署的工程保修书。

　　　　——**易混淆点**：基本完成建设工程设计和合同约定的各项内容

采分点 24：我国建设工程施工合同（示范文本）第三十二条第四款规定，工程竣工验收通过，承包人送交竣工验收报告的日期为实际竣工日期。

  ——**易混淆点**：承包人组织竣工验收；质量鉴定单位提交鉴定报告；工程交付使用

采分点 25：《最高人民法院关于审理建设工程施工合同纠纷案件适用法律问题的解释》第十五条规定，建设工程竣工前，当事人对工程质量发生争议，工程质量经鉴定合格的，鉴定期间为顺延工期期间。

  ——**易混淆点**：竣工期间；工期内时间；施工期间

采分点 26：建设工程施工合同（示范文本）规定，工程具备竣工验收条件的，承包人按国家工程竣工验收有关规定，向发包人提供完整竣工资料及竣工验收报告。双方约定由承包人提供竣工图的，应当在专用条款内约定提供的日期和份数。发包人收到竣工验收报告后 28 天内组织有关单位验收，并在验收后 14 天内给予认可或提出修改意见。承包人按要求修改，并承担由自身原因造成修改的费用。

  ——**易混淆点**：30 天，10 天；40 天，16 天

采分点 27：《最高人民法院关于审理建设工程施工合同纠纷案件适用法律问题的解释》第十四条规定，建设工程未经竣工验收，发包人擅自使用的，以发包人占有建设工程的日期为竣工日期。

  ——**易混淆点**：承包商提交竣工验收报告的日期；承包商实际完工的日期；发包人正式使用工程的日期

采分点 28：在工程建设过程中，变更的表现形式纷繁复杂，但是其对于工程款支付的影响却仅仅表现在两个方面，即：工程量的变化导致价格的纠纷和工程质量标准的变化导致价格的纠纷。

  ——**易混淆点**：工程进度变化导致的价格纠纷；合同计价方式导致的价格纠纷

采分点 29：合同双方当事人可以在合同中约定标准，如果约定的标准没有违反强制性标准，其效力高于国家其他标准。

  ——**易混淆点**：低于；等于

采分点 30：《最高人民法院关于审理建设工程施工合同纠纷案件适用法律问题的解释》第十六条规定，当事人对建设工程的计价标准或者计价方法有约定的，按照约定结算工程价款。因设计变更导致建设工程的工程量或者质量标准发生变化，当事人对该部分工程价款不能协商一致的，可以参照签订建设工程施工合同时当地建设行政主管部门发布的计价方法或者计价标准结算工程价款。

——**易混淆点：** 物价管理部门；造价工程师协会；咨询机构

采分点 31：《最高人民法院关于审理建设工程施工合同纠纷案件适用法律问题的解释》第十七条规定，当事人对欠付工程价款利息计付标准有约定的，按照约定处理；没有约定的，按照中国人民银行发布的同期同类贷款利率计息。

——**易混淆点：** 同期同类存款利率

采分点 32： 施工单位与建设单位签订施工合同，双方没有约定付款时间，后因利息计算产生争议，如果建设工程没有交付的，应付款时间为提交竣工结算文件之日。

——**易混淆点：** 提前验收报告之日

采分点 33： 施工单位与建设单位签订施工合同，双方没有约定付款时间，后因利息计算产生争议，如果建设工程未交付，工程价款也未结算的，应付款时间为当事人起诉之日。

——**易混淆点：** 人民法院判决之日

采分点 34：《建筑工程施工发包与承包计价管理办法》第十二条规定，合同价可以采用固定价、可调价或成本加酬金的方式。

——**易混淆点：** 成本加奖金；固定加酬金

采分点 35：《最高人民法院关于审理建设工程施工合同纠纷案件适用法律问题的解释》第二十二条规定，当事人约定按照固定价结算工程价款，一方当事人请求对建设工程造价进行鉴定的，不予支持。

——**易混淆点：** 可调价；成本加酬金

采分点 36： 根据《建筑工程施工发包与承包计价管理办法》第十六条的规定，工程竣工验收合格，发承包双方在合同中对竣工结算的期限没有明确约定的，可认为其约

定期限均为 <u>28 日</u>。

——**易混淆点**：20 日；30 日；35 日

采分点 37：发承包双方对工程造价咨询单位出具的竣工结算审核意见仍有异议的，在接到该审核意见后<u>1个月</u>内可以向县级以上地方人民政府建设行政主管部门申请调解，调解不成的，可以依法申请仲裁或者向人民法院提起诉讼。

——**易混淆点**：2 个月；3 个月

采分点 38：工程师的确认以<u>签证</u>为依据。

——**易混淆点**：工程量的确认

采分点 39：《最高人民法院关于审理建设工程施工合同纠纷案件适用法律问题的解释》第十九条规定，当事人对工程量有争议的，按照施工过程中形成的<u>签证等书面文件</u>确认。

——**易混淆点**：增减变更通知；承包方备忘录；工程监理书证

采分点 40：根据《中华人民共和国合同法》第二百八十六条的规定，发包人未按照约定支付价款的，承包人可以催告发包人在合理期限内支付价款；发包人逾期不支付，承包人可以与发包人协议将工程折价，也可以申请<u>人民法院</u>将该工程依法拍卖。

——**易混淆点**：拍卖公司；银行；仲裁机构

采分点 41：根据《最高人民法院关于建设工程价款优先受偿权问题的批复》的规定，人民法院在审理房地产纠纷案件和办理执行案件中，应当认定<u>建筑工程的承包人</u>的优先受偿权优于抵押权和其他债权。

——**易混淆点**：买受人；银行

采分点 42：《最高人民法院关于建设工程价款优先受偿权问题的批复》规定，建设工程承包人行使优先权的期限为 <u>6 个月</u>，自建设工程竣工之日或者建设工程合同约定的竣工之日起计算。

——**易混淆点**：3 个月；5 个月；10 个月

采分点 43：双务合同履行中的抗辩权根据具体情形可分为<u>同时履行抗辩权、先履行抗辩权和不安抗辩权</u>。

　　——**易混淆点**：后履行抗辩权

采分点 44：由于甲、乙双方在合同中未约定履行的顺序，甲方拒绝了乙方要求其先支付一部分预付款的要求，则甲方的行为属于行使<u>同时履行抗辩权</u>。

　　——**易混淆点**：先履行抗辩权；不安抗辩权

采分点 45：同时履行抗辩权的成立要件包括：①由同一双务合同产生互负的债务；②在合同中未约定履行顺序；③当事人另一方未<u>履行债务</u>；④对方的对待给付是可能履行的义务。

　　——**易混淆点**：提供担保

采分点 46：<u>双务合同</u>是产生抗辩权的基础。

　　——**易混淆点**：单务合同；诺成合同；有偿合同

采分点 47：同时履行抗辩权有<u>阻却对方请求权</u>的效力。

　　——**易混淆点**：消灭对方请求权；消除合同；解除合同

采分点 48：先履行抗辩权的成立要件包括：①双方基于同一双务合同且互负债务；②履行债务有先后顺序；③<u>有义务先履行债务的一方未履行或者履行不符合约定</u>。

　　——**易混淆点**：有义务后履行债务的一方履行能力明显下降；对方的对待给付是可能履行的义务

采分点 49：在某建设单位与供应商之间的建筑材料采购合同中约定，工程竣工验收后 1 个月内支付材料款。期间，建设单位经营状况严重恶化，供应商遂暂停供应建筑材料，要求先付款，否则终止供货，则供应商的行为属于行使<u>不安抗辩权</u>。（2010 年考试涉及）

　　——**易混淆点**：同时履行抗辩权；先履行抗辩权；先诉抗辩权

采分点 50： 如果债务履行没有先后顺序，则只能适用同时履行抗辩权。

　　——**易混淆点**：可以适用先履行抗辩权；可以适用不安抗辩权

采分点 51： 在履行债务有先后顺序的情况下，先履行一方可能行使不安抗辩权，后履行一方只可能行使先履行抗辩权。

　　——**易混淆点**：后履行抗辩权；先诉抗辩权

采分点 52：《中华人民共和国合同法》第六十八条规定，应当先履行债务的当事人，有确切证据证明对方有下列情形之一的，可以中止履行：①经营状况严重恶化；②转移财产或抽逃资金以逃避债务；③丧失商业信誉；④有丧失或者可能丧失履行债务能力的其他情形。

　　——**易混淆点**：出现表见代理情况；准备行使不安抗辩权

采分点 53： 代位权是指债权人为了保障其债权不受损害，而以债权人自己的名义代替债务人行使债权的权利。

　　——**易混淆点**：以债务人的名义；以第三人的名义

采分点 54： 根据《中华人民共和国合同法》第七十三条的规定，因债务人怠于行使到期债权，对债权人造成损害的，债权人可以向人民法院请求以自己的名义代位行使债务人的债权，但该债权专属于债务人自身的除外。（2008 年考试涉及）

　　——**易混淆点**：仲裁机构

采分点 55： 根据《中华人民共和国合同法》的规定，债权人行使代位权的必要费用，应由债务人负担。（2009 年考试涉及）

　　——**易混淆点**：债权人

采分点 56： 甲公司欠乙公司 10 万元，丙公司欠甲公司 10 万元，均已届清偿期。由于甲公司一直不行使对丙公司的 10 万元债权，致使其自身无力向乙公司清偿 10 万元债务。则根据合同法的规定，乙公司可以代位行使甲公司对丙公司的债权。

　　——**易混淆点**：乙公司可以代位行使乙公司对甲公司的债权；甲公司可以代位行使甲公司对丙公司的债权；乙公司可以以甲公司的名义行使对丙公司的债权

采分点 57： 代位权的特征有：①代位权针对的是债务人的消极行为；②代位权是指债权人以自身名义直接向次债务人提出请求；③代位权的行使方式必须是在法院提起代位权诉讼。

　　——**易混淆点：** 代位权针对的是债务人故意隐瞒债务的行为

采分点 58： 代位权行使的方式只能为诉讼。

　　——**易混淆点：** 可以为仲裁；可以为调解

采分点 59： 债权人只能以自身的债权为基础行使代位权。

　　——**易混淆点：** 可以以债务人的其他债权人的债权

采分点 60： 关于代位权的行使，如果原债务人的债务人向原债务人履行债务，原债务人拒绝受领时，则债权人有权代原债务人受领。但在接受之后，应当将该财产交给原债务人。

　　——**易混淆点：** 充抵债权人的债权；提前偿还债务；由法院分配

采分点 61： 撤销权的成立要件包括：①债务人实施了处分财产的行为；②债务人处分财产的行为发生在债权人的债权成立之后；③债权人处分财产的行为已经发生效力；④债务人处分财产的行为侵害了债权人债权。

　　——**易混淆点：** 双方当事人基于同一双务合同而互负债务

采分点 62： 根据《中华人民共和国合同法》的规定，可能导致债权人行使撤销权的债务人行为包括：①债务人放弃到期债权；②债务人无偿转让财产；③债务人以明显不合理的低价转让财产。

　　——**易混淆点：** 债务人经营状况严重恶化；债务人丧失商业信誉

采分点 63：《中华人民共和国合同法》第七十五条规定，债权人应自知道或者应当知道撤销事由之日起1年内行使撤销权。（2010 年考试涉及）

　　——**易混淆点：** 2 年；3 年；4 年

采分点 64：《中华人民共和国合同法》第七十五条规定，自债务人的行为发生之日起 <u>5 年</u>
内没有行使撤销权的，该撤销权消灭。

　　——**易混淆点**：2 年；3 年；4 年

第 5 章

合同的变更、转让与权利义务终止（2Z202050）

【重点提示】

2Z202051　掌握合同的变更
2Z202052　掌握合同的转让
2Z202053　掌握合同的权利义务终止

【采分点精粹】

采分点1： 合同的变更有广义与狭义的区分。广义的合同变更包括了合同关系三要素，即主体、客体或内容至少一项要素发生变更。

　　——易混淆点： 权利、义务

采分点2： 合同的变更有广义与狭义的区分。狭义的合同变更不包括合同主体变更。

　　——易混淆点： 合同客体；合同内容

采分点3： 合同变更分为约定变更和法定变更。

　　——易混淆点： 协商变更和判决变更

采分点4： 根据《中华人民共和国合同法》的规定，在承运人将货物交付收货人之前，托运人可以要求承运人中止运输、返还货物、变更到达地或者将货物交给其他收货人，但应当赔偿承运人因此受到的损失。此种变更为法定变更。

　　——易混淆点： 约定变更；协商变更；判决变更

采分点5： 合同内容变更可能涉及合同标的变更、数量、质量、价款或者酬金、期限、地点、计价方式等。

　　——易混淆点： 主体名称的变更；法定代表人的变更

采分点 6： 根据《中华人民共和国合同法》的规定，合同变更的效力应当表述为<u>变更的效力仅限于变更的部分</u>。

———**易混淆点**：未变更部分效力不确定；已履行部分失去法律依据

采分点 7： 合同因欺诈而被法院或者仲裁庭变更，在被欺诈人遭受损失的情况下，合同变更后继续履行，<u>但不影响被欺诈人要求欺诈人赔偿的权利</u>。

———**易混淆点**：被欺诈人要求欺诈人赔偿的权利消失

采分点 8： 根据《中华人民共和国合同法》第七十八条的规定，当事人对合同变更的内容约定不明确的，推定为<u>未变更</u>。（2010、2006、2005 年考试涉及）

———**易混淆点**：部分变更；原则上变更；变更为可撤销

采分点 9： 合同转让的类型有<u>合同权利转让、合同义务转让和合同权利义务概括转让</u>。

———**易混淆点**：约定转让；法定转让

采分点 10： 根据《中华人民共和国合同法》的规定，合同转让只是<u>合同主体</u>发生变化。

———**易混淆点**：合同客体；合同权利；合同义务

采分点 11： 被转让的债权应具有可转让性，但不得转让的债权包括：①<u>根据合同性质不得转让的</u>；②按照当事人约定不得转让的；③依照法律规定不得转让的合同权利。

———**易混淆点**：根据合同内容不得转让的；合同有瑕疵不得转让的

采分点 12： 根据《中华人民共和国合同法》的规定，在债权部分转让时，<u>由转让人和受让人共同享有合同债权</u>。

———**易混淆点**：受让人

采分点 13： 根据《中华人民共和国合同法》第八十条的规定，债权人转让权利的，应当通知债务人；若未经通知，该项转让对债务人不发生效力；债权人转让权利的通知<u>不得撤销</u>，但经受让人同意的除外。（2010 年考试涉及）

———**易混淆点**：有权自行撤销

采分点 14：根据《中华人民共和国合同法》第八十二条的规定，当债务人接到债权转让通知后，债务人对让与人的抗辩，应该向<u>受让人</u>主张。

　　　　——**易混淆点**：让与人；让与人和受让人共同

采分点 15：根据《中华人民共和国合同法》第八十三条的规定，债务人接到债权转让通知时，债务人对让与人享有债权，并且债务人的债权先于转让的债权到期或者同时到期的，<u>债务人可以向受让人</u>主张抵消。

　　　　——**易混淆点**：受让人，债务人

采分点 16：合同债务转移应当具备的条件包括：<u>被转移的债务有效存在、被转移的债务应具有可转移性、需经债权人同意</u>。

　　　　——**易混淆点**：被转移的债务数额较大

采分点 17：根据《中华人民共和国合同法》的规定，<u>债权人同意</u>是债务转移的重要生效条件。

　　　　——**易混淆点**：被转移的债务有效存在；被转移的债务具有可转移性

采分点 18：在合同义务全部转移，承担人取代债务人成为新的合同债务人后，若承担人不履行债务，将由<u>承担人</u>向债权人承担违约责任。

　　　　——**易混淆点**：原债务人；承担人和原债务人共同

采分点 19：施工单位与水泥厂签订了水泥买卖合同，水泥厂因生产能力所限无法按时供货，便与建材供应商签订了合同。合同中规定，水泥厂将该合同全部转让给建材供应商，若水泥质量不合格，应由<u>材料供应商</u>承担责任。（2008 年考试涉及）

　　　　——**易混淆点**：施工单位；水泥厂；水泥厂与材料供应商共同

采分点 20：施工单位与水泥厂签订了水泥买卖合同。水泥厂因生产能力所限无法按时供货，便与建材供应商签订了合同。合同中规定，水泥厂将该合同全部转让给建材供应商。水泥厂转让合同的行为在<u>征得施工单位同意</u>后有效。（2008 年考试涉及）

　　　　——**易混淆点**：水泥厂与材料供应商联名通知施工单位；水泥厂通知施工单位；材料供应商通知施工单位

采分点 21： 债权债务概括转移的条件包括：转让人与承受人达成合同转让协议、原合同必须有效、原合同为<u>双务合同</u>、符合法定的程序。（2008 年考试涉及）

　　——**易混淆点：** 诺成合同；有偿合同

采分点 22： 债权债务概括转移的条件中，<u>转让人与承受人达成合同转让协议</u>是债权债务概括转移的关键。

　　——**易混淆点：** 原合同必须有效；原合同为双务合同

采分点 23： 根据《中华人民共和国合同法》的有关规定，合同权利义务的终止，不影响合同中<u>结算、清理条款</u>和独立存在的解决争议方法的条款（如仲裁条款）的效力。（2010 年考试涉及）

　　——**易混淆点：** 标的条款；质量条款；担保条款

采分点 24： 如合同当事人对合同的解除经协商意思表示一致，即为协议解除，通常也称为<u>双方解除</u>。

　　——**易混淆点：** 约定解除；法定解除

采分点 25： 当事人一方延迟履行主要债务，经催告后在合理期限内仍未履行的，此种情形适用于<u>法定解除</u>。

　　——**易混淆点：** 协议解除；约定解除

采分点 26： 当事人一方延迟履行债务或者有其他违约行为致使不能实现合同目的的，此种情形适用于<u>法定解除</u>。

　　——**易混淆点：** 协议解除；约定解除

采分点 27： 当事人一方依照规定主张解除合同的，应当通知对方。合同自<u>通知到达对方时</u>解除。

　　——**易混淆点：** 通知发出；对方对通知进行确认

第6章

违约责任（2Z202060）

【重点提示】

2Z202061　掌握违约责任的承担方式

2Z202062　掌握不可抗力及违约责任的免除

【采分点精粹】

采分点 1： 违约责任的承担方式主要有 3 种，分别为：继续履行、采取补救措施和赔偿损失。

　　——易混淆点：返还财产；支付违约金；支付定金

采分点 2： 根据《中华人民共和国合同法》的有关规定，在违约责任承担方式中，继续履行与赔偿损失、采取补救措施与违约金可以同时适用。（2005 年考试涉及）

　　——易混淆点：赔偿损失与违约金；继续履行与采取补救措施

采分点 3： 根据《中华人民共和国合同法》的有关规定，在违约责任承担方式中，违约金与解除合同可以并用。（2010 年考试涉及）

　　——易混淆点：定金与支付违约金

采分点 4： 有损害事实发生、存在违法或损害行为，以及违法行为与损害事实有因果关系均属于建设工程法律责任的构成要件。（2005 年考试涉及）

　　——易混淆点：违反职业道德

采分点 5： 根据《中华人民共和国合同法》的规定，违约责任实行严格责任原则。（2005 年考试涉及）

——**易混淆点**：过错责任原则；过错推定原则；合理分担原则

采分点 6：根据《中华人民共和国合同法》第一百一十条的规定，当事人一方不履行非金钱债务或者履行非金钱债务不符合约定的，对方可以要求履行，但存在以下情形之一的，对方不能要求继续实际履行：①法律上或者事实上不能履行；②债务的标的不适于强制履行或者履行费用过高；③<u>债权人在合理期限内未要求履行</u>。

——**易混淆点**：当事人以自己的行为表明不履行的；当事人愿意履行金钱债务来替代的

采分点 7：根据《中华人民共和国合同法》的规定，当事人可以约定一方违约时应当根据违约情况向对方支付一定数额的违约金。当约定的违约金低于造成的损失时，当<u>事人应该请求人民法院或者仲裁机构予以增加</u>。

——**易混淆点**：按约定的违约金支付

采分点 8：根据《中华人民共和国合同法》的规定，当事人可以约定一方违约时应当根据违约情况向对方支付一定数额的违约金。当约定的违约金过分高于造成的损失时，<u>当事人应该请求人民法院或者仲裁机构予以适当减少</u>。

——**易混淆点**：按约定的违约金支付

采分点 9：当事人双方既约定违约金，又约定定金的合同，当一方当事人违约时，对方可以<u>选择适用违约金或者定金条款</u>。（2010、2008、2005 年考试涉及）

——**易混淆点**：只能选择适用违约金条款；只能选择适用定金条款；可以同时适用违约金和定金条款

采分点 10：2010 年 3 月施工单位与钢材供应商依法订立了一份钢材购销合同，合同中规定，总货款为 10 万元，违约金为货款总值的 5%，同时施工单位需向钢材供应商给付 6000 元的定金。5 月由于钢材供应商违约，给施工单位造成了 1 万元的损失，则钢材供应商依法最多应向施工单位偿付 <u>16000 元</u>。

——**易混淆点**：10000 元；7000 元

【计算过程】《中华人民共和国合同法》第一百一十六条规定，当事人既约定违约金，又约定定金的，当一方违约时，对方可以选择适用违约金或者定金条款。本案中的违约金为 5000 元（100000×5%=5000 元），按照《中华人民共和国合同法》第一百一十四条第二款的规定，约定的违约金低于造成的损失的，当事人可以请求人民法院或者仲裁机构增加。在本案中，施工单位受损 1 万元，所以施工单位可以请求人民法院或仲裁机构增至 1 万元，另外钢材供应商还应返还施工单位支付的定金 6000 元，即共返还 16000 元。

采分点 11： 先期违约的构成要件有：①违约的时间必须在合同有效成立后至合同履行期限截止前；②违约必须是对根本性合同义务的违反，即导致合同目的落空。

——**易混淆点：** 当事人一方因第三人的原因造成违约且可以此向对方抗辩；当事人一方与第三人之间的纠纷可以按照法律的规定或者依照约定解决

采分点 12：《中华人民共和国合同法》第五十三条规定，建筑施工合同中约定出现因履行合同造成对方人身伤害、故意或重大过失造成对方财产损失时，免除自己责任的条款无效。（2010 年考试涉及）

——**易混淆点：** 合同履行结果只有对方受益；不可抗力造成对方财产损失；对方不履行合同义务造成损失

采分点 13： 依据《中华人民共和国合同法》的违约责任承担原则，地震导致已完工程被爆破拆除重建，造成建设单位费用增加的，可以导致施工单位免除违约责任。（2009 年考试涉及）

——**易混淆点：** 施工单位因严重安全事故隐患且拒不改正而被监理工程师责令暂停施工，致使工期延误；因拖延民工工资，部分民工停工抗议导致工期延误

采分点 14： 依据《中华人民共和国合同法》的违约责任承担原则，对于传染病流行导致的施工暂停，发包人可以不赔偿承包人的损失。（2005 年考试涉及）

——**易混淆点：** 建设资金未能按计划到位的施工暂停；征地拆迁工作不顺利导致的施工现场移交延误

第 **7** 章

合同的担保（2Z202070）

【重点提示】

2Z202071　掌握保证
2Z202072　掌握定金
2Z202073　了解担保方式及特点

【采分点精粹】

采分点 1： 担保是伴随着主债务的产生而产生的，因此，我们将担保合同称为<u>从合同</u>。

——**易混淆点：** 主合同

采分点 2： 主合同中的债务人如果履行了主债务，则<u>主合同和从合同消失</u>。（2010 年考试涉及）

——**易混淆点：** 主合同消失，从合同不消失

采分点 3： 保证中的保证合同主体为<u>保证人和债务人</u>。（2008 年考试涉及）

——**易混淆点：** 债权人

采分点 4： 根据《中华人民共和国合同法》的规定，保证人与债权人<u>应当以书面形式</u>订立保证合同。

——**易混淆点：** 可以以口头形式

采分点 5： 保证合同的内容包括：被保证的主债权种类和数额；债务人履行债务的期限；保证的方式；保证担保的范围；保证的期间；<u>双方认为需要约定的其他事项</u>。（2008 年考试涉及）

——**易混淆点：** 被保证人的其他债权；保证人的资格

采分点 6：根据《中华人民共和国合同法》的规定，当事人对保证担保的范围没有约定或者约定不明确的，保证人应当对<u>全部债务承担责任</u>。

——**易混淆点**：对大部分债务承担责任；不承担债务责任

采分点 7：根据《中华人民共和国担保法》第七条的规定，<u>学校、幼儿园和医院等以公益为目的的事业单位及社会团体</u>不得作为保证人。（2008 年考试涉及）

——**易混淆点**：经国务院批准为使用外国政府或者国际经济组织贷款进行转贷的国家机关

采分点 8：保证的方式可以分为<u>一般保证和连带责任保证</u>。（2008 年考试涉及）

——**易混淆点**：定金保证；抵押保证；留置保证

采分点 9：《中华人民共和国担保法》规定，当事人对保证方式没有约定或者约定不明确的，按照<u>连带责任保证</u>承担保证责任。

——**易混淆点**：一般保证；特殊保证；抵押保证

采分点 10：<u>一般保证</u>是指债权人和保证人约定，首先由债务人清偿债务，当债务人不能清偿债务时，才由保证人代为清偿债务的保证方式。

——**易混淆点**：特殊保证；连带责任保证

采分点 11：《中华人民共和国担保法》规定，一般保证的保证人与债权人未约定保证期间的，保证期间为主债务履行期届满之日起 <u>6 个月</u>。

——**易混淆点**：3 个月；4 个月；5 个月

采分点 12：《中华人民共和国担保法》规定，连带责任保证的保证人与债权人未约定保证期间的，债权人有权自主债务履行期届满之日起 <u>6 个月</u>内要求保证人承担保证责任。

——**易混淆点**：7 个月；8 个月；9 个月

采分点 13：根据《中华人民共和国担保法》的规定，保证期间，债权人依法将主债权转让给第三人的，保证人<u>在原保证担保的范围内继续承担</u>保证责任。

——**易混淆点**：免除；在征得原债权人的同意后继续承担

采分点 14：根据《中华人民共和国担保法》的规定，保证期间，债权人未经保证人书面同意，许可债务人转让债务的，保证人<u>不再承担</u>保证责任。

　　——**易混淆点：**继续承担

采分点 15：根据《中华人民共和国担保法》的规定，债权人与债务人未经保证人书面同意，协议变更主合同的，保证人<u>不再承担</u>保证责任。

　　——**易混淆点：**继续承担

采分点 16：根据《民法通则》第八十九条第三款的规定，当事人一方在法律规定的范围内可以向对方给付定金。债务人履行债务后，定金应当抵作价款或者收回。对于给付定金的一方不履行债务的，无权要求返还定金；对于接受定金的一方不履行债务的，<u>应当双倍返还定金</u>。

　　——**易混淆点：**全额返还定金；三倍返还定金

采分点 17：定金具有的性质包括：<u>证约性质、预先给付的性质和担保性质</u>。

　　——**易混淆点：**责任性质

采分点 18：定金与违约金的区别主要表现为：①定金必须于合同履行前交付，而违约金只能在发生违约行为以后交付；②<u>定金有证约和预先给付的作用，而违约金没有</u>；③定金主要起担保作用，而违约金主要是违反合同的民事责任形式；④定金一般是约定的，而违约金可以是约定的，也可以是法定的。

　　——**易混淆点：**定金具有督促当事人履行合同的作用，而违约金没有

采分点 19：定金与预付款都是在合同履行前一方当事人预先给付对方的一定数额的金钱，都具有<u>预先给付性质</u>。

　　——**易混淆点：**证约性质；担保性质

采分点 20：交付定金的协议是<u>从合同</u>，而交付预付款的协议一般为<u>合同内容的一部分</u>。

　　——**易混淆点：**主合同，从合同

采分点 21： 定金合同除具备合同成立的一般条件外，还必须具备的生效条件有：**主合同有效；发生交付定金的行为；定金的比例符合法律规定。**（2008 年考试涉及）

——**易混淆点**：从合同有效；发生交付设计依据材料的行为；违约金必须是法定的

采分点 22：《中华人民共和国担保法》第九十条规定，当事人在定金合同中应当约定交付定金的期限。定金合同从**实际交付定金之日**起生效。（2008 年考试涉及）

——**易混淆点**：实际交付定金的次日；签订定金合同之日

采分点 23： 施工单位与建材商签订了一份买卖合同，如果货物在运输途中遭遇台风，致使部分石材损坏，该损失应由**建材商**承担。（2008 年考试涉及）

——**易混淆点**：施工单位；施工单位和建材商分别

采分点 24： 定金是指合同当事人一方以保证债务履行为目的，于合同成立时或未履行前，预先给付对方一定数额金钱的担保方式。根据《中华人民共和国担保法》的规定，定金的数额由当事人约定，但定金不得超过主合同标的额的 **20%**。

——**易混淆点**：10%；15%；30%

采分点 25： 担保活动应当遵循平等、自愿、**公平**、诚实信用的原则。

——**易混淆点**：公开；公正；公道

采分点 26：《中华人民共和国担保法》规定的担保形式有**保证、抵押、质押、留置和定金**。

——**易混淆点**：预付款；违约金

采分点 27： 根据《中华人民共和国担保法》的规定，**保证**是一种必须由第三人为当事人提供担保的方式。（2010 年考试涉及）

——**易混淆点**：抵押；留置；定金

采分点 28： 以拍卖或变卖抵押物所得的价款作为担保的担保方式为**抵押**。

——**易混淆点**：保证；质押；留置

采分点 29：抵押与质押的显著区别为：抵押不转移对抵押物的占有。

   ——**易混淆点**：质押

采分点 30：债务人将其权利移交债权人占有，用以担保债务履行的方式是质押。

   ——**易混淆点**：抵押；留置

采分点 31：留置是以留置权人业已占有的留置人，即债务人的动产作为担保的，债权人留置财产后，债务人应当在不少于 2 个月的期限内履行债务。否则债权人可依法拍卖或变卖该批货物。

   ——**易混淆点**：1 个月；3 个月；4 个月

第3部分

建设工程纠纷的处理（2Z203000）

第 1 章

民事纠纷的处理方式（2Z203010）

【重点提示】

2Z203011　掌握民事诉讼的特点
2Z203012　掌握仲裁的特点
2Z203013　熟悉和解与调解

【采分点精粹】

采分点 1：建设工程民事纠纷的处理方式主要有 4 种，包括：和解、调解、仲裁和诉讼。（2010
年考试涉及）

——**易混淆点**：行政复议；行政裁决

采分点 2：根据《中华人民共和国合同法》第一百二十八条的规定，当事人没有订立仲裁
协议或者仲裁协议无效的，可以向人民法院起诉。

——**易混淆点**：重新申请仲裁

采分点 3：民事诉讼是解决建设工程合同纠纷的重要方式，其中，民事诉讼的参与人包括：
原告、被告、第三人、证人、鉴定人和勘验人等。（2010 年考试涉及）

——**易混淆点**：当事人代表；审判长

采分点 4：与调解、仲裁方式相比，民事诉讼具有公权性、强制性和程序性的特点。

——**易混淆点**：独立性；经济性

采分点 5：在民事诉讼中，原告起诉符合民事诉讼法规定的条件，无论被告是否愿意，诉
讼均会发生。（2009 年考试涉及）

——**易混淆点**：只有被告同意，诉讼才会发生

采分点 6：在民事诉讼中，若公司接到开庭传票后没有派人参加诉讼的，人民法院将缺席进行判决，这体现了诉讼解决纠纷的**强制性**。

——**易混淆点**：公权性；程序性；独立性

采分点 7：根据《中华人民共和国仲裁法》的规定，<u>劳动争议仲裁及农业承包合同纠纷仲裁</u>不受《仲裁法》的调整。（2010 年考试涉及）

——**易混淆点**：民事商事仲裁

采分点 8：《中华人民共和国仲裁法》第三条规定，<u>婚姻、收养、监护、抚养和继承纠纷，依法应当由行政机关处理的行政争议</u>不能进行仲裁。（2010 年考试涉及）

——**易混淆点**：工程款纠纷；财产分割；劳动合同

采分点 9：作为一种解决财产权益纠纷的民间性裁判制度，仲裁既不同于解决同类争议的司法、行政途径，也不同于人民调解委员会的调解和当事人的自行和解。其具有的特点有：<u>自愿性、专业性、灵活性、保密性、快捷性、经济性和独立性</u>。

——**易混淆点**：公权性；强制性；程序性

采分点 10：在仲裁的特点中，当事人的<u>自愿性</u>是仲裁最突出的特点。

——**易混淆点**：专业性；快捷性；经济性

采分点 11：<u>仲裁</u>是最能充分体现当事人意思自治原则的争议解决方式。

——**易混淆点**：和解；调解；诉讼

采分点 12：仲裁能够充分体现当事人的意思自治，仲裁中的许多具体程序都是由当事人协商确定和选择的，因此，与诉讼相比，仲裁程序更具有弹性，这体现了仲裁的<u>灵活性</u>特点。

——**易混淆点**：专业性；快捷性；独立性

采分点 13： 仲裁的快捷性体现在仲裁实行<u>一裁终局制</u>，仲裁裁决一经仲裁庭做出即发生法律效力。

　　——**易混淆点：** 一审终审制；两裁终局制

采分点 14： <u>和解</u>是指当事人在自愿互谅的基础上，就已经发生的争议进行协商并达成协议，自行解决争议的一种方式。

　　——**易混淆点：** 调解；协议；仲裁

采分点 15： 当事人不按照和解达成的协议执行的，另一方当事人<u>不可以</u>申请强制执行，<u>可以</u>追究其违约责任。

　　——**易混淆点：** 可以，不需要

采分点 16： 当事人申请仲裁后，可以自行和解。达成和解协议的，可以请求仲裁庭根据和解协议做出裁决书，也可以撤回仲裁申请。当事人达成和解协议，撤回仲裁申请后反悔的，可以<u>根据仲裁协议申请仲裁</u>。

　　——**易混淆点：** 申请法院撤销裁决书；向法院起诉

采分点 17： 在执行程序中，申请执行人与被申请执行人达成和解协议后，被申请执行人不履行和解协议或者反悔的，申请执行人应该<u>申请人民法院按照原生效的法律文书强制执行</u>。

　　——**易混淆点：** 申请人民法院按照和解协议强制执行；请求人民法院撤销和解协议

采分点 18： 调解包括民间调解、行政调解、法院调解和仲裁调解 4 种形式，其中<u>法院调解和仲裁调解</u>具有强制执行力，调解书经当事人签收后即发生法律效力。（2009年考试涉及）

　　——**易混淆点：** 民间调解；行政调解

采分点 19： <u>民间调解</u>是指在当事人以外的第三人或组织的主持下，通过相互谅解，使纠纷得到解决的方式。

——**易混淆点**：行政调解；法院调解；仲裁调解

采分点 20：某材料供应商因施工企业拖欠货款，诉至人民法院。法院开庭审理后，在主审法官的主持下，施工企业向材料供应商出具了还款计划。人民法院制作了调解书，则此欠款纠纷解决的方式是法院调解。

——**易混淆点**：行政调解；诉讼与调解相结合

采分点 21：仲裁调解是仲裁庭在做出裁决前进行调解的解决纠纷方式。（2010 年考试涉及）

——**易混淆点**：做出裁决后

【重点提示】

2Z203021 掌握证据的种类
2Z203022 熟悉证据的保全和应用

【采分点精粹】

采分点 1： 民事诉讼证据的种类包括：书证、物证、视听资料、<u>证人证言</u>、当事人陈述、鉴定结论和勘验笔录。（2010、2009 年考试涉及）

——**易混淆点**：建筑工程法规；代理意见

采分点 2： 合同文本、信函、电报、传真、图纸及图表等各种书面文件或纸面文字材料属于证据种类中的<u>书证</u>。

——**易混淆点**：物证；视听资料

采分点 3： 书证具有的特征包括：①书证以其表达的思想内容来证明案件事实；②书证往往能够直接证明案件的主要事实；③书证的真实性较强，不易伪造。

——**易混淆点**：物质的存在；外部特征；外在质量

采分点 4： 书证要具有证据力，必须满足的基本条件包括：<u>①书证是真实的</u>；<u>②书证所反映的内容对待证事实能起到证明作用</u>。

——**易混淆点**：书证是通过客观事实能够总结出来的；书证能以其外形和质量证明案件事实

采分点 5：物证区别于其他证据的一个最显著的特点是：物证以<u>物质的存在、外部特征和属性等</u>对案件事实起到证明作用。

——**易混淆点**：其表达的思想内容

采分点 6：录像带、录音带、胶卷和电脑数据等属于证据种类中的<u>视听资料</u>。

——**易混淆点**：书证；物证

采分点 7：最高人民法院《关于民事诉讼证据的若干规定》规定，<u>存有疑点的视听资料不能单独作为认定案件事实的依据。</u>

——**易混淆点**：未成年人所做的证言；未出庭作证的证人证言

采分点 8：证人是指了解案件事实情况并向法院或当事人提供证词的人。根据《中华人民共和国民事诉讼法》的规定，下列几类人不能作为证人：①不能正确表达意志的人；②诉讼代理人；③审判员、陪审员、书记员；④鉴定人员；⑤<u>参与民事诉讼的检察人员</u>。（2009 年考试涉及）

——**易混淆点**：当事人的近亲属

采分点 9：当事人对自己的主张只有本人陈述而不能提出其他相关证据的，若<u>对方当事人认可</u>，法院对其主张可予以支持。

——**易混淆点**：陈述人具有较高的诚信度；法院认可

采分点 10：一方当事人自行委托有关部门做出的鉴定结论，另一方当事人申请重新鉴定的，<u>若另一方当事人有证据足以反驳，人民法院应当准许。</u>

——**易混淆点**：人民法院不应当准许；人民法院自由裁量后决定是否准许

采分点 11：当事人对人民法院委托的鉴定部门做出的鉴定结论有异议申请重新鉴定，提出证据证明存在下列情形之一的，人民法院应予准许：①鉴定程序或者鉴定人员不具备相关的鉴定资格的；②<u>鉴定程序严重违法的</u>；③鉴定结论明显依据不足的；④经过质证认定不能作为证据使用的其他情形。（2008 年考试涉及）

——**易混淆点**：有缺陷的鉴定结论通过补充鉴定解决的

采分点 12： 可以通过补充鉴定、重新质证或者补充质证等方法解决的有缺陷的鉴定结论，<u>不需要重新鉴定</u>。

　　——**易混淆点**：需要

采分点 13： 根据最高人民法院《关于民事诉讼证据的若干规定》第二十三条的规定，当事人向人民法院申请保全证据的，不得迟于举证期限届满前 <u>7 日</u>。

　　——**易混淆点**：3 日；5 日；10 日

采分点 14：《中华人民共和国仲裁法》第四十六条规定，在证据可能灭失或者以后难以取得的情况下，当事人可以申请<u>证据保全</u>。

　　——**易混淆点**：先予执行；强制执行；财产保全

采分点 15：《中华人民共和国仲裁法》第四十六条规定，当事人申请证据保全的，仲裁委员会应当将当事人的申请提交证据所在地的<u>基层人民法院</u>。（2008 年考试涉及）

　　——**易混淆点**：中级人民法院；高级人民法院

采分点 16： 根据最高人民法院《关于民事诉讼证据的若干规定》的有关规定，在诉讼过程中，<u>一方当事人对另一方当事人所陈述的案件事实明确表示承认</u>的事实，另一方当事人无须举证。（2010 年考试涉及）

　　——**易混淆点**：请求实体权益；免除自己法律责任；主张程序违法

采分点 17： 根据最高人民法院《关于民事诉讼证据的若干规定》，对下列事实当事人无须举证证明：①众所周知的事实；②自然规律及定理；③<u>根据法律规定或者已知事实和日常生活经验法则，能推定出的另一事实</u>；④已为人民法院发生法律效力的裁判所确认的事实；⑤已为仲裁机构的生效裁决所确认的事实；⑥已为有效公正文书所证明的事实。（2010、2009 年考试涉及）

　　——**易混淆点**：人民法院未发生法律效力的裁判所确认的事实；仲裁机构未生效的裁决所确认的事实

采分点 18： 甲建设单位与乙施工单位签订了一份装饰合同，合同约定由乙负责甲办公楼的装饰工程，并且约定一旦因合同履行发生纠纷，由当地仲裁委员会仲裁。施工过程中，因乙管理不善导致工期延误，给甲造成了损失，甲要求乙赔偿，遭到乙拒绝，于是甲提出仲裁申请。针对乙延误工期这一事实，提供证据的责任由<u>甲建设单位</u>承担。（2008 年考试涉及）

——**易混淆点**：乙施工单位；甲乙双方共同；仲裁庭

采分点 19：在合同纠纷诉讼中，<u>主张合同成立并生效的一方当事人</u>对合同订立和生效的事实承担举证责任。（2008 年考试涉及）

——**易混淆点**：主张合同成立并生效的另一方当事人

采分点 20：当事人增加、变更诉讼请求或者提起反诉的，应当在<u>举证期限届满前</u>提出。

——**易混淆点**：提交答辩状；开庭；判决

采分点 21：根据最高人民法院《关于民事诉讼证据的若干规定》的有关规定，人民法院对于证据较多或者复杂疑难的案件，应当组织当事人在<u>答辩期届满后、法庭调查前</u>交换证据。

——**易混淆点**：答辩期届满后、开庭审理前；法庭辩论前

采分点 22：质证是指当事人在法庭的主持下，围绕证据的<u>真实性、合法性、关联性</u>，针对证据证明力有无及证明力大小，进行质疑、说明与辩驳的过程。

——**易混淆点**：可靠性；排他性

第 3 章

民事诉讼法（2Z203030）

【重点提示】

2Z203031 掌握诉讼管辖与回避制度

2Z203032 掌握诉讼参加人的规定

2Z203033 掌握财产保全及先予执行的规定

2Z203034 掌握审判程序

2Z203035 熟悉执行程序

【采分点精粹】

采分点 1： 民事诉讼法的基本制度包括：合议制度、回避制度、公开审判制度和两审终审制度。

　　——**易混淆点**：陪审制度；一审终审制度

采分点 2： 民事诉讼法的合议制度是指由 3 人以上单数人员组成合议庭，对民事案件进行集体审理和评议裁判的制度。

　　——**易混淆点**：2 人以上双数

采分点 3： 合议庭评议案件，实行少数服从多数的原则。

　　——**易混淆点**：一票否决；民主集中；庭长负责制

采分点 4： 人民法院审理民事案件，除涉及国家秘密的案件或涉及个人隐私的案件以外，应当公开进行。（2007 年考试涉及）

　　——**易混淆点**：离婚案件；当事人申请再审的案件；涉及商业秘密的案件

采分点 5: 最高人民法院做出的一审判决、裁定为终审判决、裁定。

　　——**易混淆点:** 中级人民法院; 高级人民法院

采分点 6: 根据《中华人民共和国民事诉讼法》的规定,适用特别程序、督促程序、公示催告程序和企业法人破产还债程序审理的案件实行一审终审。

　　——**易混淆点:** 适用最高人民法院审理的案件

采分点 7: 级别管辖是指按照一定的标准,划分上下级法院之间受理第一审民事案件的分工和权限。

　　——**易混淆点:** 指定管辖; 专属管辖

采分点 8:《中华人民共和国民事诉讼法》主要根据案件的性质、复杂程度和案件影响来确定级别管辖。

　　——**易混淆点:** 争议金额的大小; 当事人的年龄

采分点 9: 在级别管辖中,大多数第一审民事案件归基层人民法院管辖。

　　——**易混淆点:** 最高人民法院; 高级人民法院; 中级人民法院

采分点 10: 根据《中华人民共和国民事诉讼法》的规定,中级人民法院管辖第一审重大涉外案件。(2009 年考试涉及)

　　——**易混淆点:** 高级人民法院; 最高人民法院

采分点 11: 根据《中华人民共和国民事诉讼法》的规定,高级人民法院管辖在本辖区有重大影响的第一审民事案件。

　　——**易混淆点:** 在全国有重大影响的案件; 重大涉外案件

采分点 12: 在全国有重大影响的第一审民事案件由最高人民法院管辖。

　　——**易混淆点:** 中级人民法院; 高级人民法院

采分点 13: 按照法院的辖区和民事案件的隶属关系,划分同级法院之间受理第一审民事案件的分工和权限，该种管辖被称为<u>地域管辖</u>。

——**易混淆点**：专属管辖；指定管辖；协议管辖

采分点 14：地域管辖实际上是着重于法院与当事人、诉讼标的，以及法律事实之间的隶属关系和关联关系来确定的，主要包括：<u>一般地域管辖、特殊地域管辖和专属管辖</u>。

——**易混淆点**：共同管辖；协议管辖；指定管辖

采分点 15：在我国人民法院审理民事案件的一般地域管辖中，对公民提起的民事诉讼，由<u>被告住所地人民法院</u>管辖。

——**易混淆点**：原告住所地人民法院；纠纷发生地人民法院；标的物所在地人民法院

采分点 16：根据《中华人民共和国民事诉讼法》第二十四条的规定，在特殊地域管辖中，因合同纠纷提起的诉讼，由<u>被告住所地或合同履行地</u>人民法院管辖。

——**易混淆点**：合同签订地；原告住所地；标的物所在地

采分点 17：根据《中华人民共和国民事诉讼法》第二十五条的规定，在特殊地域管辖中，合同的当事人可以在书面合同中协议选择<u>被告住所地、合同履行地、合同签订地、原告住所地或标的物所在地</u>人民法院管辖，但不得违反本法对级别管辖和专属管辖的规定。

——**易混淆点**：合同纠纷发生地

采分点 18：根据《中华人民共和国民事诉讼法》的规定，在专属管辖中，因不动产纠纷提起的诉讼，由<u>不动产所在地</u>人民法院管辖。（2009 年考试涉及）

——**易混淆点**：被告住所地；原告住所地；合同签订地

采分点 19：建设工程施工合同纠纷由<u>被告住所地或合同履行地</u>人民法院管辖。

——**易混淆点**：合同签订地；施工行为地

采分点 20：根据《中华人民共和国民事诉讼法》第四十五条的规定，<u>审判人员、书记员、</u>

翻译人员、鉴定人或勘验人若与本案当事人有其他关系，可能影响对案件公正审理的，应当回避。（2010 年考试涉及）

——**易混淆点**：仲裁员；出庭的证人；被告方的诉讼代理人

采分点 21：根据《中华人民共和国民事诉讼法》的有关规定，当事人提出回避申请，应当说明理由，在案件开始审理时提出。审判人员的回避与否，由院长决定。

——**易混淆点**：审判委员会；审判长

采分点 22：根据《中华人民共和国民事诉讼法》的有关规定，人民法院对当事人提出的回避申请，应当在申请提出的 3 日内，以口头或者书面形式做出决定。

——**易混淆点**：4 日内；5 日内

采分点 23：根据《中华人民共和国民事诉讼法》的有关规定，申请人对人民法院的回避申请决定不服的，可以在接到决定时申请复议一次。人民法院对复议申请，应当在 3 日内做出复议决定，并通知复议申请人。

——**易混淆点**：4 日内；5 日内

采分点 24：根据《最高人民法院关于审理建设工程施工合同纠纷案件适用法律问题的解释》的有关规定，因建设工程质量发生争议的，发包人可以以总承包人、分包人和实际施工人为共同被告提起诉讼。

——**易混淆点**：总承包人和分包人；总承包人和实际施工人

采分点 25：实际施工人以发包人为被告主张权利的，人民法院可以追加转包人或违法分包人为本案当事人。

——**易混淆点**：应当依法受理

采分点 26：我国民事诉讼法规定的诉讼代理人包括：法定诉讼代理人和委托诉讼代理人。

——**易混淆点**：指定诉讼代理人

采分点 27：根据法律规定，委托诉讼代理人可以为律师、当事人的近亲属，有关的社会团体或者所在单位推荐的人，以及经人民法院许可的其他公民。

——**易混淆点**：法官；限制民事行为能力人

采分点 28：《中华人民共和国民事诉讼法》第五十八条第一款规定，当事人或法定代理人可以委托 1~2 人作为诉讼代理人。

——**易混淆点**：2~3 人；3~4 人

采分点 29：当事人委托某律师做自己的诉讼代理人，授权委托书中委托权限一栏仅注明"全权代理"，则律师有权代为陈述事实和参加辩论。（2009 年考试涉及）

——**易混淆点**：承认、放弃、变更诉讼请求；进行和解；提起反诉或上诉

采分点 30：委托代理权可以因诉讼终结、当事人解除委托、代理人辞去委托、委托代理人死亡或丧失行为能力而消灭。（2010 年考试涉及）

——**易混淆点**：委托代理人有过错

采分点 31：财产保全有两种，分别为诉前财产保全和诉讼财产保全。

——**易混淆点**：诉后财产保全

采分点 32：采取诉前财产保全必须符合的条件包括：①必须是紧急情况，不立即采取财产保全将会使申请人的合法权益受到难以弥补的损害；②必须由利害关系人向财产所在地的人民法院提出申请，法院不依职权主动采取财产保全措施；③申请人必须提供担保，否则，法院驳回申请。

——**易混淆点**：户口所在地；经常居住地

采分点 33：人民法院在接受诉前财产保全申请后，必须在 48 小时内做出裁定。裁定采取诉前财产保全措施的，应当立即开始执行。

——**易混淆点**：72 小时；96 小时

采分点 34：在诉前财产保全中，申请人在人民法院采取保全措施后 15 日内不起诉的，人民法院应当解除财产保全。

——**易混淆点**：可要求申请人提供担保；可驳回申请

采分点 35：《中华人民共和国民事诉讼法》第九十七条规定，根据当事人的申请，可以书面裁定先予执行的案件有：①追索赡养费、扶养费、抚育费、抚恤金和医疗费用的；②追索<u>劳动报酬</u>的；③因情况紧急需要先予执行的。

　　——**易混淆点**：贷款；劳动奖励

采分点 36：先予执行的适用条件包括：①当事人之间权利义务关系明确；②申请人有实现权利的迫切需要，不先予执行将严重影响申请人的正常生活或生产经营；③被申请人有<u>履行能力</u>；④申请人向人民法院提出了申请，人民法院不得依职权适用；⑤在诉讼过程中，人民法院应当在受理案件后终审判决前采取。

　　——**易混淆点**：完全民事行为能力

采分点 37：先予执行的程序依次为<u>申请、责令提供担保和裁定</u>。

　　——**易混淆点**：责令提供担保、申请和裁定；申请、裁定和责令提供担保

采分点 38：审判程序是民事诉讼法规定的最为重要的内容，它是人民法院审理案件适用的程序，可以分为<u>一审程序、二审程序和审判监督程序</u>。

　　——**易混淆点**：原审程序、一审程序、二审程序和终审程序

采分点 39：审判程序中，<u>一审程序</u>包括普通程序和简易程序。

　　——**易混淆点**：二审程序；再审程序

采分点 40：人民法院审理第一审民事案件通常适用的程序是<u>普通程序</u>。

　　——**易混淆点**：简易程序；特殊程序

采分点 41：<u>普通程序</u>是第一审程序中最基本的程序，具有独立性和广泛性，是整个民事审判程序的基础。

　　——**易混淆点**：简易程序

采分点 42：在第一审程序中，起诉必须符合的条件包括：①原告是与本案有直接利害关系的公民、法人和其他组织；②有明确的被告；③<u>有具体的诉讼请求、事实和理</u>

由；④属于人民法院受理民事诉讼的范围和受诉人民法院管辖的范围。

　　——**易混淆点**：有书面的起诉书

采分点 43：根据《中华人民共和国民事诉讼法》的规定，建设单位如果选择诉讼方式解决纠纷，应向人民法院递交起诉状，在起诉状中应说明的事项包括原告和被告的姓名、住所，诉讼请求，诉讼事实及理由。（2008 年考试涉及）

　　——**易混淆点**：代理律师的基本情况

采分点 44：在一审程序的普通程序中，人民法院对原告的起诉情况进行审查后，认为符合起诉条件的，应在 7 日内立案，并通知当事人。

　　——**易混淆点**：7 个工作日；10 日；15 日

采分点 45：在采用普通程序开庭审理民事纠纷过程中，准备开庭后正确的审理顺序是法庭调查，法庭辩论，合议庭评议、宣判。

　　——**易混淆点**：法庭调查，法庭辩论、宣判，法庭笔录；法庭辩论，法庭调查，法庭笔录、宣判

采分点 46：在一审程序中，法庭调查阶段的程序为：①当事人陈述；②告知证人的权利义务，证人作证，宣读未到庭的证人证言；③出示书证、物证和视听资料；④宣读鉴定结论；⑤宣读勘验笔录。正确的顺序为：①②③④⑤。

　　——**易混淆点**：②③①⑤④；②①③④⑤

采分点 47：一审程序法庭辩论终结后，审判长需按原告、被告和第三人的先后顺序征得各方面的最后意见。

　　——**易混淆点**：原告、第三人和被告；第三人、原告和被告

采分点 48：人民法院适用普通程序审理的案件，应在立案之日起 6 个月内审结，有特殊情况需延长的，由本院院长批准，可延长 6 个月。

　　——**易混淆点**：7 个月，3 个月；8 个月，4 个月

采分点 49：第二审程序又称为终审程序，是指民事诉讼当事人不服地方各级人民法院未生

效的第一审裁判，在法定期限内向上级人民法院提起上诉，上一级人民法院对案件进行审理所适用的程序。

——**易混淆点**：再审程序；复审程序

采分点 50：在第二审程序中，上诉的条件为：①上诉人都是第一审程序中的当事人；②上诉的对象必须是依法可以上诉的判决和裁定；③必须在法定的上诉期限内提起。

——**易混淆点**：原告是与本案有直接利害关系的公民、法人和其他组织

采分点 51：根据《中华人民共和国民事诉讼法》的规定，当事人对判决不服，提起上诉的时间为 15 天。

——**易混淆点**：20 天；10 天；5 天

采分点 52：根据《中华人民共和国民事诉讼法》的规定，当事人对裁定不服，提起上诉的期限为 10 天。

——**易混淆点**：20 天；15 天；5 天

采分点 53：人民法院在审理第二审民事案件时发现原判决适用法律错误的，应当依法改判。

——**易混淆点**：发回重审；依法提审

采分点 54：人民法院在审理第二审民事案件时发现原判决认定事实错误、认定事实不清或证据不足，应当裁定撤销原判，发回原审人民法院重审，或查清事实后改判。

——**易混淆点**：适用法律错误；判决违反法定程序，可能影响案件正确判决的

采分点 55：二审法院经过审理后根据案件的情况可分别做出维持原判、依法改判和发回重审的处理。

——**易混淆点**：撤销原判

采分点 56：审判监督程序又称为再审程序，是指由有审判监督权的法定机关和人员提起，或由当事人申请，由人民法院对发生法律效力的判决、裁定或调解书再次审理的程序。

　　——易混淆点：二审程序；终审程序

采分点 57： 在审判监督程序中，当事人对已经发生法律效力的判决或裁定，认为有错误的，可以向原审法院申请再审；可以向上一级法院申请再审，但不停止判决、裁定的执行。（2007 年考试涉及）

　　——易混淆点：只能向原审法院申请再审；只能向上一级法院申请再审；可以同时向原审法院和上一级法院申请再审

采分点 58： 对审理案件需要的证据，当事人因客观原因不能自行收集的，可书面申请人民法院调查收集；人民法院未调查收集的，人民法院应该再审。

　　——易混淆点：收集的证据不足的

采分点 59： 在审判监督程序中，对违反法定程序可能影响案件正确判决、裁定的情形，或者审判人员在审理该案件时有贪污受贿、徇私舞弊、枉法裁判行为的，人民法院应当再审。

　　——易混淆点：重审

采分点 60： 当事人申请再审，应当在判决或裁定发生法律效力后 2 年内提出。

　　——易混淆点：3 年；4 年

采分点 61： 当事人在原判决、裁定的法律文书被撤销或者变更，以及发现审判人员在审理该案件时有贪污受贿、徇私舞弊、枉法裁判行为的，应自知道或者应当知道之日起 3 个月内提出。

　　——易混淆点：4 个月；6 个月

采分点 62： 执行应当具备的条件包括：①执行以生效法律文书为根据；②执行根据必须具备给付内容；③执行必须以负有义务的一方当事人无故拒不履行义务为前提。

　　——易混淆点：执行必须由申请执行人提出申请

采分点 63： 在解决纠纷的法律文书当中，仲裁调解书、公证债权文书、民事判决书或民事裁定书可以作为执行依据。

——**易混淆点**：当事人自愿达成的和解协议

采分点 64：根据《中华人民共和国民事诉讼法》的有关规定，发生法律效力的民事判决、裁定，以及刑事判决、裁定中的财产部分，由第一审人民法院或者与第一审人民法院同级的被执行的<u>财产所在地</u>人民法院执行。（2010 年考试涉及）

——**易混淆点**：住所所在地；户口所在地

采分点 65：要申请强制执行，必须遵守申请执行期限。申请执行的期间为 <u>2 年</u>。

——**易混淆点**：1 年；3 年

采分点 66：申请执行时效中止，中断期间从<u>法律文书规定履行期间的最后一日</u>起计算。

——**易混淆点**：法律文书生效之日

采分点 67：人民法院自收到申请执行书之日起超过 6 个月未执行的，申请执行人可以向<u>上一级人民法院</u>申请执行。

——**易混淆点**：上级人民法院；上级行政机关

采分点 68：根据《中华人民共和国民事诉讼法》的规定，被执行人或被执行的财产在外地的，负责执行的人民法院<u>可以委托当地人民法院代为执行，也可以直接到当地执行</u>。

——**易混淆点**：只能到当地亲自执行；必须委托当地人民法院代为执行

采分点 69：根据《中华人民共和国民事诉讼法》的规定，当事人或利害关系人认为执行行为违反法律规定的，可以向<u>负责执行</u>的人民法院提出书面异议。（2010 年考试涉及）

——**易混淆点**：原审；原告所在地；被告所在地

采分点 70：根据《中华人民共和国民事诉讼法》的规定，当事人或利害关系人认为执行行为违反法律规定，提出书面异议的，人民法院应当自收到书面异议之日起 <u>15 日</u>内审查。理由成立的，裁定撤销或者改正；理由不成立的，裁定驳回。

——**易混淆点**：20 日；25 日；30 日

采分点 71：根据《中华人民共和国民事诉讼法》的规定，当事人或利害关系人对执行裁定不服的，可以自裁定送达之日起 <u>10 日</u>内向上一级人民法院申请复议。

    ——**易混淆点**：15 日；20 日

采分点 72：根据《中华人民共和国民事诉讼法》的规定，案外人或当事人对裁定不服，认为原判决、裁定错误的，依照审判监督程序办理；与原判决、裁定无关的，可以自裁定送达之日起 <u>15 日</u>内向人民法院提起诉讼。

    ——**易混淆点**：20 日；30 日

采分点 73：根据《关于修改〈中华人民共和国民事诉讼法〉的决定》的规定，被执行人未按执行通知履行法律文书确定的义务，应当报告当前，以及收到执行通知之日<u>前一年</u>的财产情况。

    ——**易混淆点**：前两年

采分点 74：人民法院应当裁定中止执行的情形包括：<u>申请人表示可以延期执行的</u>；案外人对执行标的提出确有理由异议的；作为一方当事人的公民死亡，需要等待继承人继承权利或承担义务的；作为一方当事人的法人或其他组织终止，尚未确定权利义务承受人的；人民法院认为应当中止执行的其他情形，如被执行人确无财产可供执行等。（2007 年考试涉及）

    ——**易混淆点**：申请人撤销申请的；据以执行的法律文书被撤销的

采分点 75：人民法院应当裁定终结执行的情形包括：<u>申请人撤销申请的；据以执行的法律文书被撤销的；</u>作为被执行人的公民死亡，无遗产可供执行，又无义务承担人的；追索赡养费、抚养费或抚育费案件的权利人死亡的；作为被执行人的公民因生活困难无力偿还借款，无收入来源，又丧失劳动能力的；人民法院认为应当终结执行的其他情形。

    ——**易混淆点**：被执行人确无财产可供执行；作为一方当事人的法人或其他组织终止，尚未确定权利义务承受人的

第4章

仲裁法（2Z203040）

【重点提示】

2Z203041　掌握仲裁协议
2Z203042　掌握仲裁程序
2Z203043　了解仲裁裁决的撤销
2Z203044　了解仲裁裁决的执行

【采分点精粹】

采分点 1： 合法有效的仲裁协议应当具备的法定内容有：请求仲裁的意思表示、仲裁事项和选定的仲裁委员会。

　　——**易混淆点：** 选定的解决争议所适用的法律；有仲裁确定的时间要求

采分点 2： 仲裁协议的首要内容是请求仲裁的意思表示。

　　——**易混淆点：** 仲裁事项；选定的仲裁委员会

采分点 3： 当事人对仲裁协议效力有异议的，应当在仲裁庭首次开庭前提出。

　　——**易混淆点：** 答辩时；裁决前；执行前

采分点 4： 当事人对仲裁协议效力有异议的，当事人既可以请求仲裁委员会做出决定，也可以请求人民法院裁定。一方请求仲裁委员会做出决定，另一方请求人民法院做出裁定的，由人民法院裁定。（2009 年考试涉及）

　　——**易混淆点：** 仲裁委员会；仲裁委员会与人民法院共同

采分点 5： 当事人协议选择国内的仲裁机构仲裁后，一方对仲裁协议的效力有异议请求

人民法院裁定的，应由该仲裁委员会所在地的中级人民法院管辖。（2010 年考试涉及）

——**易混淆点**：合同履行地的高级人民法院裁定；被告所在地的中级人民法院裁定

采分点 6：当事人协议选择国内的仲裁机构仲裁后，当事人对仲裁委员会没有约定或者约定不明的，由被告所在地的中级人民法院管辖。（2010 年考试涉及）

——**易混淆点**：合同履行地的中级人民法院；仲裁委员会所在地的高级人民法院

采分点 7：根据《中华人民共和国仲裁法》的规定，仲裁协议对仲裁事项、仲裁委员会没有约定或者约定不明确，当事人对此又达不成补充协议的，仲裁协议无效。

——**易混淆点**：仲裁协议对仲裁事项或仲裁委员会约定不明确，当事人后来对此达成补充协议的

采分点 8：纠纷发生后，当事人申请仲裁必须符合的条件包括：①存在有效的仲裁协议；②有具体的仲裁请求、事实和理由；③属于仲裁委员会的受理范围。（2007、2006 年考试涉及）

——**易混淆点**：存在和解协议；得到法院的许可

采分点 9：仲裁委员会在收到仲裁申请书之日起 5 日内经审查认为符合受理条件的，应当受理，并通知当事人；认为不符合受理条件的，应当书面通知当事人不予受理，并说明理由。

——**易混淆点**：10 日；15 日

采分点 10：根据《中华人民共和国仲裁法》的规定，当事人约定由 3 名仲裁员组成仲裁庭的，第三名仲裁员是首席仲裁员。

——**易混淆点**：第一名；第二名

采分点 11：根据《中华人民共和国仲裁法》的规定，当事人约定由 3 名仲裁员组成仲裁庭的，第三名仲裁员由当事人共同选定或者共同委托仲裁委员会主任指定。

——**易混淆点**：仲裁委员会主任直接指定；已确定的 2 名仲裁员共同指定；仲

裁委员会主任兼任

采分点 12：根据《中华人民共和国仲裁法》的规定，当事人约定由 1 名仲裁员成立仲裁庭的，应当由当事人共同选定或者共同委托仲裁委员会主任指定。

　　——**易混淆点**：由当地行政部门指定；由当地司法部门指定

采分点 13：根据《中华人民共和国仲裁法》的规定，当事人申请仲裁后，可以自行和解。当事人达成和解协议的，可以请求仲裁庭根据和解协议做出裁决书，也可以撤回仲裁申请。（2010 年考试涉及）

　　——**易混淆点**：请求强制执行；请求法院判决

采分点 14：根据《中华人民共和国仲裁法》的规定，当仲裁庭成员不能形成一致意见时，应当按多数仲裁员的意见做出仲裁裁决。（2008 年考试涉及）

　　——**易混淆点**：按首席仲裁员的意见；提请仲裁委员会；提请仲裁委员会主任

采分点 15：根据《中华人民共和国仲裁法》的规定，在仲裁庭无法形成多数意见时，按首席仲裁员的意见做出裁决。

　　——**易混淆点**：提取仲裁委员会主任；提请仲裁委员会

采分点 16：根据《中华人民共和国仲裁法》的规定，仲裁裁决书由仲裁员签名，加盖仲裁委员会的印章。对仲裁裁决持不同意见的仲裁员可以不签名。

　　——**易混淆点**：需要在备注栏签名

采分点 17：根据《中华人民共和国仲裁法》的规定，仲裁裁决的法律裁决书自做出之日起发生法律效力。（2008、2007 年考试涉及）

　　——**易混淆点**：签收之日；执行之日；送达之日

采分点 18：仲裁裁决的效力表现为：①当事人不得就已经裁决的事项再行申请仲裁，也不得就此提起诉讼；②仲裁机构不得随意变更已经生效的仲裁裁决；③其他任何机关或个人均不得变更仲裁裁决；④仲裁裁决具有执行力。

　　——**易混淆点**：任何机构无权改变仲裁裁决

采分点 19: 仲裁裁决做出后,若想撤销仲裁裁决,必须向有管辖权的人民法院提出撤销的申请。根据规定,当事人申请撤销仲裁裁决,必须向<u>仲裁委员会所在地</u>的中级人民法院提出。

> ——**易混淆点:** 被申请人住所地;被申请人户口所在地

采分点 20:《中华人民共和国仲裁法》规定,当事人申请撤销仲裁裁决的,应当自收到裁决书之日起<u>6 个月</u>内提出。(2010 年考试涉及)

> ——**易混淆点:** 3 个月;1 年;2 年

采分点 21: 根据《中华人民共和国仲裁法》的规定,在仲裁过程中,如果仲裁的程序违反法定程序,可以向<u>人民法院</u>申请撤销裁决。(2008 年考试涉及)

> ——**易混淆点:** 仲裁庭;建设行政主管部门;上级仲裁委员会

采分点 22: 在仲裁过程中,如果<u>仲裁庭的组成或者仲裁的程序违反法定程序</u>,仲裁裁决应当撤销。

> ——**易混淆点:** 仲裁裁决适用法律错误

采分点 23: 根据《中华人民共和国仲裁法》的规定,在裁决发生法律效力后,如果义务方在规定的期限内不履行仲裁裁决,权利方可在符合条件的情况下,有权请求<u>人民法院</u>强制执行。(2008 年考试涉及)

> ——**易混淆点:** 仲裁委员会;公安部门

采分点 24: 根据《仲裁法》和《民事诉讼法》的规定,对国内仲裁而言,不予执行仲裁裁决的情形包括:①<u>当事人在合同中没有仲裁条款或者事后没有达成书面仲裁协议的</u>;②裁决的事项不属于仲裁协议的范围或者仲裁机构无权仲裁的;③仲裁庭的组成或者仲裁的程序违反法定程序的;④认定事实的主要证据不足的;⑤适用法律确有错误的;⑥仲裁员在仲裁该案时有索贿受贿、徇私舞弊、枉法裁决行为的。(2009 年考试涉及)

> ——**易混淆点:** 原仲裁机构被撤销;没有书面仲裁协议,仅在合同中有仲裁条款

第 5 章

行政复议法与行政诉讼法（2Z203050）

【重点提示】

【采分点精粹】

采分点 1： 行政复议是指行政机关根据上级行政机关对下级行政机关的监督权，在当事人的申请和参与下，按照行政复议程序对具体行政行为进行合法性、适当性审查，并做出裁决解决行政侵权争议的活动。

　　——**易混淆点**：稳定性；可行性

采分点 2： 行政诉讼是指人民法院应当事人的请求，通过审查行政行为合法性的方式，解决特定范围内行政争议的活动。

　　——**易混淆点**：民事诉讼；公示催告；仲裁

采分点 3： 长江建筑公司是甲省的施工企业，2010 年 8 月，由于所修建的工程发生了重大质量事故，被省建设厅罚款 100 万元。因此，长江建筑公司可以采取的维权途径为：可以自由选择行政复议或者行政诉讼。

　　——**易混淆点**：只能选择行政复议；只能选择行政诉讼；只能提起民事诉讼

采分点 4： 当事人可以申请复议的情形通常包括：①行政处罚；②行政强制措施；③行政许可；④认为行政机关侵犯其合法的经营自主权的；⑤认为行政机关违法集资、摊派费用或者违法要求履行其他义务的；⑥认为行政机关的其他具体行政行为

侵犯其合法权益的。(2010 年考试涉及)

——**易混淆点**：行政处分

采分点 5：根据《中华人民共和国行政复议法》的规定，监察机关给予机关工作人员降级处分；建设行政主管部门对建设工程合同争议进行的调解不可申请行政复议。(2009 年考试涉及)

——**易混淆点**：建设行政主管部门吊销建筑公司的资质证书；人民法院对保全财产予以查封

采分点 6：根据《中华人民共和国行政复议法》的规定，当事人认为具体行政行为侵犯其合法权益的，可以自知道该具体行政行为之日起 60 日内提出行政复议申请，但法律规定的申请期限超过此期限的除外。

——**易混淆点**：90 日；120 日

采分点 7：因不可抗力或者其他正当理由耽误法定申请期限的，申请期限自障碍消除之日起继续计算。

——**易混淆点**：自障碍消除之日起重新计算；经批准后适当延长

采分点 8：具体行政行为有下列情形之一的，决定撤销、变更或者确认该具体行政行为违法；决定撤销或者确认该具体行政行为违法的，可以责令被申请人在一定期限内重新做出具体行政行为：①主要事实不清、证据不足的；②适用依据错误的；③违反法定程序的；④超越或者滥用职权的；⑤具体行政行为明显不当的。

——**易混淆点**：适用依据不充分的

采分点 9：根据《中华人民共和国行政复议法》的规定，行政复议的被申请人不按照法律规定提出书面答复，提交当初做出具体行政行为的证据、依据和其他材料的，应当撤销该具体行政行为。

——**易混淆点**：由复议机关责令其提交；驳回复议申请

采分点 10：除非法律另有规定，行政复议机关一般应当自受理申请之日起 60 日内做出行政复议决定。

——**易混淆点**：70 日；80 日

采分点 11：行政复议决定书<u>一经送达</u>，即发生法律效力。

　　　　——**易混淆点**：一经做出；一经当事人确认

采分点 12：在行政诉讼中，人民法院主要审查的是<u>行政行为</u>。

　　　　——**易混淆点**：行政主体；行政相对人

采分点 13：根据《中华人民共和国行政诉讼法》的规定，人民法院不予受理公民、法人或者其他组织对以下事项提起的诉讼：①国防、外交等国家行为；②行政法规、规章或者行政机关制定、发布的具有普遍约束力的决定、命令；③<u>行政机关对行政机关工作人员的奖惩、任免等决定</u>；④法律规定由行政机关最终裁决的具体行政行为。

　　　　——**易混淆点**：行政机关没有依法发给抚恤金的行为；行政机关侵犯法律规定的经营自主权的行为

采分点 14：申请人不服行政复议决定的，可以在收到行政复议决定书之日起 <u>15 日</u>内向人民法院提起诉讼。

　　　　——**易混淆点**：20 日；30 日

采分点 15：复议机关逾期不做决定的，申请人可以在复议期满之日起 <u>15 日</u>内起诉，法律另有规定的从其规定。

　　　　——**易混淆点**：20 日；30 日

采分点 16：公民、法人或者其他组织直接向人民法院提起公诉的，应当在知道做出具体行政行为之日起 <u>3 个月</u>内提出，法律另有规定的除外。

　　　　——**易混淆点**：4 个月；6 个月

采分点 17：人民法院接到起诉状后应在 <u>7 日</u>内审查立案或者裁定不予受理。

　　　　——**易混淆点**：5 日；10 日

采分点 18：人民法院审理行政案件，由审判员组成合议庭，或者由审判员和陪审员组成合议庭。合议庭成员应当是 <u>3 人以上的单数</u>。（2010 年考试涉及）

　　　　——**易混淆点**：3 人以上的双数；2 人以上双数

采分点 19： 人民法院应当在立案之日起 <u>5 日</u>内，将起诉状副本发送被告，被告应当在收到起诉状副本之日起 <u>10 日</u>内向人民法院提交做出具体行为的有关材料，并提交答辩状。

　　——**易混淆点：** 6 日，12 日；7 日，15 日

采分点 20： 根据《中华人民共和国行政诉讼法》的规定，人民法院应当在收到答辩状之日起 <u>5 日</u>内，将答辩状副本发送原告，被告不提出答辩状的不影响人民法院审理。

　　——**易混淆点：** 6 日；7 日；15 日

采分点 21： 人民法院做出一审判决可分为 4 种形式，分别为：<u>维持原判、撤销判决、履行判决和变更判决</u>。

　　——**易混淆点：** 依法改判；发回重审

采分点 22： 当事人不服人民法院第一审<u>判决</u>的，其有权在判决书送达之日起 15 日内向上一级人民法院提起上诉。

　　——**易混淆点：** 裁定

采分点 23： 当事人不服人民法院第一审<u>裁定</u>的，有权在裁定书送达之日起 10 日内向上一级人民法院提起上诉。

　　——**易混淆点：** 判决

采分点 24： 人民法院在对第二审案件的审理中，若原判决<u>认定事实不清、证据不足，以及由于违反法定程序可能影响案件正确判决</u>的，裁定撤销原判，发回原审人民法院重审，也可以查清事实后改判。（2005 年考试涉及）

　　——**易混淆点：** 认定事实基本清楚、引用法律并无不当

采分点 25： 当事人必须履行人民法院发生法律效力的判决、裁定。原告拒绝履行判决、裁定的，被告行政机关可以向<u>第一审法院</u>申请强制执行，或者依法强制执行。

　　——**易混淆点：** 第二审法院；被告住所地法院

一、**单项选择题**（共 60 题，每题 1 分，每题的备选项中，只有 1 个最符合题意）

1. 下列选项中，不属于我国建造师注册类型的是（　　）。

A. 变更注册　　　　　　B. 年检注册　　　　　　C. 初始注册　　　　　　D. 增项注册

2. 关于建筑工程的发包、承包方式，下列说法错误的是（　　）。

A. 建筑工程的发包方式分为招标发包和直接发包

B. 未经发包方同意且无合同约定，承包方不得对专业工程进行分包

C. 联合体各成员对承包合同的履行承担连带责任

D. 发包方有权将单位工程的地基基础、主体结构、屋面等工程分别发包给符合资质的施工单位

3. 下列选项中，不属于工程建设强制性标准的是（　　）。

A. 工程建设勘察、规划、设计、施工（包括安装）及验收等通用的综合标准和重要的通用的质量标准

B. 工程建设通用的有关安全、卫生和环境保护的标准

C. 工程建设的特殊技术术语

D. 工程建设重要的通用的信息技术标准

4. 下列关于建设单位质量责任和义务的叙述，错误的是（　　）。

A. 建设单位不得将建设工程肢解发包

B. 建设工程发包方不得迫使承包方以低于成本的价格竞标

C. 建设单位不得任意压缩合同工期

D. 涉及承重结构变动的装修工程施工前，只能委托原设计单位提交设计方案

5. 建设工程民事纠纷经不同主体调解成功并制作了调解书，其中可以强制执行的是（　　）。

A. 双方签收的由人民调解委员会制作的调解书

B. 双方签收的仲裁调解书

C. 人民法院依法作出但原告方拒绝签收的调解书

D. 双方签收的由人民政府职能部门依法作出的调解书

6. 对于建筑工程一切险的免赔额的确定，第三者责任险中财产损失的免赔额为每次事故赔偿限额的 1%～2%，但（　　）没有免赔额。

A. 人身伤害　　　　　B. 搬运损失　　　　　C. 抢劫受损　　　　　D. 意外损害

7. 某工地发生了安全事故，造成 3 人死亡，按照生产安全事故报告和调查处理条例的规定，该事故应属于（　　）。

A. 特别重大事故　　　B. 重大事故　　　　　C. 较大事故　　　　　D. 一般事故

8. 如果在保险期内工程不能完工，对建筑工程一切险可以延期，不过投保须（　　）。

A. 降低投保限额　　　B. 提前交纳保费　　　C. 交纳补充保险费　　D. 重填保单

9. 按照建筑法的规定，下列叙述正确的是（　　）。

A. 建筑企业集团公司可以允许所属法人公司以其名义承揽工程

B. 建筑企业可以在其资质等级之上承揽工程

C. 施工企业不允许将承包的全部建筑工程转包给他人

D. 联合体共同承包的，按照资质等级高的单位的业务许可范围承揽工程

10.《建设工程质量管理条例》中确定的建设工程质量监督管理制度，其主要手段不包括（　　）。

A. 工程质量保修制度　　　　　　　　　B. 施工许可制度

C. 竣工验收备案制度　　　　　　　　　D. 工程质量事故报告制度

11. 下列选项中，不属于要式合同的是（　　）。

A. 建设工程设计合同　　　　　　　　　B. 企业与银行之间的借款合同

C. 自然人之间签订的借款合同　　　　　D. 法人之间签订的保证合同

12.按照建筑法及其相关规定，下列选项中，不属于投标人之间串通投标行为的是（　　）。

A. 相互约定抬高或者降低投标报价

B. 约定在招标项目中分别以高、中、低价位报价

C. 相互探听对方投标标价

D. 先进行内部竞价，内定中标人后再参加投标

13. 下列纠纷、争议中，适用于《仲裁法》调整的是（　　）。

A. 财产继承纠纷　　　　　　　　　　　B. 劳动争议

C. 婚姻纠纷　　　　　　　　　　　　　D. 工程款纠纷

14. 政府对工程质量的监督管理主要以保证工程使用安全和环境质量为主要目的，以法律、法规和强制性标准为依据，以（　　）为主要内容。

A. 工程建设各方主体的质量行为

B. 主体结构

C. 环境质量

D. 地基基础、主体结构、环境质量和与此有关的工程建设各方主体的质量行为

15．按照我国《产品质量法》规定，建设工程不适用该法关于产品的规定，以下不属于产品质量法所指的产品的是（   ）。

A．购买的电气材料   B．购买的塔吊设备

C．现场制作的预制板   D．商品混凝土

16．《建设工程质量管理条例》规定，对于涉及（   ）的装修工程，建设单位要有设计方案。

A．变更工程竣工日期   B．建筑主体和承重结构变动

C．增加工程造价总额   D．改变建筑工程一般结构

17．建设工程安全生产管理基本制度中，不包括（   ）。

A．群防群治制度   B．伤亡事故处理报告制度

C．事故预防制度   D．安全责任追究制度

18．施工单位偷工减料，降低工程质量标准，导致整栋建筑倒塌，12 名工人被砸死。该行为涉嫌触犯了（   ）。

A．重大责任事故罪   B．重大劳动安全事故罪

C．工程重大安全事故罪   D．以其他方式危害公共安全罪

19．施工单位应当将施工现场的办公、生活区与作业区分开设置，并保持安全距离；办公、生活区的选址应当符合（   ）。职工的膳食、饮水、休息场所等应当符合（   ）。

A．安全性要求，卫生标准   B．强制性标准，生活标准

C．建设单位要求，规定标准   D．安全标准，最低标准

20．下列选项中，关于调解的理解，叙述错误的是（   ）。

A．当事人庭外和解的，可以请求法院制作调解书

B．仲裁调解生效后产生执行效力

C．仲裁裁决生效后可以进行仲裁调解

D．法院在强制执行时不能制作调解书

21．在施工过程中，必须经总监理工程师签字的事项是（   ）。

A．建筑材料进场   B．建筑设备安装   C．隐蔽工程验收   D．工程竣工验收

22．建设单位在（   ）之前，应当按照国家有关规定办理工程质量监督手续。

A．组织竣工验收   B．工程建设完成

C．订立施工监理合同   D．领取施工许可证或者开工报告

23．民事诉讼是解决建设工程合同纠纷的重要方式，下列选项中不属于民事诉讼参加人的是（   ）。

A．当事人代表   B．第三人   C．鉴定人   D．代理律师

24．下列情形中，可以导致施工单位免除违约责任的是（   ）。

A．施工单位因严重安全事故隐患且拒不改正而被监理工程师责令暂停施工，致使工期延误

B．因拖延民工工资，部分民工停工抗议导致工期延误

C. 地震导致已完工程被爆破拆除重建，造成建设单位费用增加

D. 由于为工人投保意外伤害险，因公致残工人的医疗等费用由保险公司支付

25. 根据《建设工程质量管理条例》的规定，下列关于监理单位的表述错误的是（　　）。

A. 应当依法取得相应等级的资质证书

B. 不得转让工程监理业务

C. 可以是建设单位的子公司

D. 应与监理分包单位共同向建设单位承担责任

26. 下列选项中，不属于民事纠纷处理方式的是（　　）。

A. 当事人自行和解　　B. 行政复议　　　　C. 商事仲裁　　　　D. 行政机关调解

27. 根据《物权法》的规定，以下关于抵押权的表述，错误的是（　　）。

A. 在建工程可以作为抵押物

B. 抵押权人应当在主债权诉讼时效期间行使抵押权

C. 建设用地使用权抵押后，该土地上新增的建筑物不属于抵押财产

D. 即使抵押物财产出租早于抵押，该租赁关系也不得对抗已经登记的抵押物

28. 仲裁委员会裁决作出后，一方当事人不履行裁决时（　　）。

A. 仲裁委员会可以强制执行

B. 另一方当事人可以向仲裁委员会重新提请仲裁

C. 另一方当事人可以向法院提起诉讼

D. 另一方当事人可以向法院申请强制执行

29. 建设单位有下列行为之一的，经责令限期改正后逾期未改正的，应责令该建设工程停止施工（　　）。

A. 建设单位未提供建设工程安全生产作业环境及安全施工措施所需费用的

B. 要求施工单位压缩合同约定的工期的

C. 对勘察、设计、施工、工程监理等单位提出不符合安全生产法律、法规和强制性标准规定的要求的

D. 将拆除工程发包给不具有相应资质等级的施工单位的

30. 按照国际惯例，建筑工程一切险的除外责任的情况通常不包括（　　）。

A. 由于罢工、骚动、民众运动或当局命令停工等情况造成的损失

B. 因被保险人严重失职或蓄意破坏而造成的损失

C. 一般性盗窃和抢劫

D. 因设计错误（结构缺陷）而造成的损失

31. 下列选项中，属于建筑施工企业取得安全生产许可证应当具备的安全生产条件的是（　　）。

A. 在城市规划区的建筑工程已经取得建设工程规划许可证

B. 有保证工程质量和安全的具体措施

C. 施工场地已基本具备施工条件，需要拆迁的，其拆迁进度符合施工要求

D．依法参加工伤保险，依法为施工现场从事危险作业人员办理意外伤害保险，为从业人员交纳保险费

32．监理工程师发现施工现场料堆偏高，有可能滑塌，存在安全事故隐患，则监理工程师应当（　　）。

A．要求施工单位整改　　　　　　　　B．要求施工单位停止施工

C．向安全生产监督行政主管部门报告　D．向建设工程质量监督机构报告

33．根据施工合同，甲建设单位应于 2009 年 9 月 30 日支付乙建筑公司工程款。2010年 6 月 1 日，乙单位向甲单位提出支付请求，则就该项款额的诉讼时效（　　）。

A．中断　　　　　　B．中止　　　　　　C．终止　　　　　　D．届满

34．下列选项中，不属于委托代理关系终止原因的是（　　）。

A．代理期限届满或代理事务完成　　　　B．被代理人取消委托或代理人辞去委托

C．代理人丧失民事行为能力或代理人死亡　D．被代理人取得或恢复民事行为能力

35．建筑工程一切险承保的内容不包括（　　）。

A．引水、保护堤等临时工程

B．脚手架

C．租赁物资

D．被保险人严重失职造成的职工的人身伤亡和财产损失

36．某建筑公司实施了以下行为，其中符合我国环境污染防治法律规范的是（　　）。

A．将建筑垃圾倾倒在季节性干枯的河道里

B．对已受污染的潜水和承压水混合开采

C．冬季工地上工人燃烧沥青、油毡取暖

D．直接从事收集、处置危险废物的人员必须接受专业培训

37．根据《招标投标法》的规定，投标联合体（　　）。

A．可以牵头人的名义提交投标保证金　B．必须由相同专业的不同单位组成

C．各方应在中标后签订共同投标协议　D．是各方合并后组建的投标实体

38．安全监督检查人员可以进入工程建设单位进行现场调查，单位不得拒绝，有权向被审查单位调阅资料并向有关人员了解情况的权利，被称为（　　）。

A．现场处理权　　　　　　　　　　　B．现场调查取证权

C．查封、扣押行政强制措施　　　　　D．行政处罚权

39．工程监理人员发现工程设计不符合建筑工程质量标准或者合同约定的质量要求的，应当报告（　　）要求设计单位改正。

A．工商行政主管部门　　　　　　　　B．所在地人民政府

C．建设项目投资单位　　　　　　　　D．建设单位

40．职工李某因参与打架斗殴被判处有期徒刑 1 年，缓期 3 年执行，用人单位决定解除与李某的劳动合同。考虑到李某在单位工作多年，决定向其多支付 1 个月的额外工资，随后书面通知了李某。这种劳动合同解除的方式称为（　　）。

A. 随时解除 　　　　　 B. 预告解除 　　　　 C. 经济性裁员 　　　 D. 刑事性裁员

41. 按属性分类，以下选项中不属于工程建设标准的是（　　）。

A. 技术标准 　　　　　 B. 工作标准 　　　　 C. 建设定额 　　　　 D. 管理标准

42. 政府对工程质量的监督管理主要以（　　）为主要手段。

A. 行政审批 　　　　　　　　　　　　　 B. 施工许可制度和竣工验收备案制度

C. 竣工验收 　　　　　　　　　　　　　 D. 质量考核与抽查

43. 建设单位应将建设工程项目的消防设计图纸和有关资料报送（　　）审核，未经审核或经审核不合格的，不得发放施工许可证，建设单位不得开工。

A. 建设行政主管部门 　　　　　　　　　 B. 安全生产监管部门

C. 公安消防机构 　　　　　　　　　　　 D. 规划行政主管部门

44. 某建筑材料买卖合同被认定为无效合同，则其民事法律后果不可能是（　　）。

A. 返还财产 　　　　　 B. 赔偿损失 　　　　 C. 罚金 　　　　　　 D. 折价补偿

45. 下列选项中，不属于招标代理机构的工作事项是（　　）。

A. 审查投标人资格 　　 B. 编制标底 　　　　 C. 组织开标 　　　　 D. 进行评标

46. 招标人采取招标公告的方式对某工程进行施工招标，于 2007 年 3 月 3 日开始发售招标文件，3 月 6 日停售；招标文件规定投标保证金为 100 万元；3 月 22 日招标人对已发出的招标文件作了必要的澄清和修改，投标截止日期为同年 3 月 25 日。上述事实中错误有（　　）处。

A. 1 　　　　　　　　 B. 2 　　　　　　　　 C. 3 　　　　　　　　 D. 4

47. 建筑工程一切险承保的危险与损害涉及面很广，但按国际惯例，下列情形属于除外的情形是（　　）。

A. 因设计错误（结构缺陷）而造成的损失

B. 灭火或其他救助所造成的损失

C. 由于工人、技术人员缺乏经验造成的损失

D. 建筑材料在工地范围内的运输过程中遭受的损失

48. 根据法律、行政法规的规定，不需要经有关主管部门对其安全生产知识和管理能力考核合格就可以任职的岗位是（　　）。

A. 施工企业的总经理 　　　　　　　　　 B. 施工项目的负责人

C. 施工企业的技术负责人 　　　　　　　 D. 施工企业的董事

49. 下列选项中，属于当事人应承担侵权责任的是（　　）。

A. 某工程存在质量问题

B. 某施工单位未按照合同约定工期竣工

C. 因台风导致工程损害

D. 工地的塔吊倒塌造成临近的民房被砸塌

50. 下列选项中，关于民事法律行为分类，说法错误的是（　　）。

A. 民事法律行为可分为要式法律行为和不要式法律行为

B．订立建设工程合同应当采取要式法律行为

C．建设单位向商业银行的借贷行为属于不要式法律行为

D．自然人之间的借贷行为属于不要式法律行为

51．根据《物权法》的相关规定，下列选项中属于不得抵押的财产的是（　　）。

A．生产原材料　　　　　　　　　　　B．土地所有权

C．正在建造的航空器　　　　　　　　D．荒地承包经营权

52．甲施工单位由于施工需要大量钢材，逐向乙供应商发出要约，要求其在一个月内供货，但数量待定，乙回函表示一个月内可供货 2000 吨，甲未作表示，下列表述正确的是（　　）。

A．该供货合同成立　　　　　　　　　B．该供货合同已生效

C．该供货合同效力特定　　　　　　　D．该供货合同未成立

53．对于一定规模的危险性较大的分部分项工程要编制专项施工方案，并附安全验算结果，经（　　）签字后方可实施。

A．施工单位的项目负责人

B．施工单位的项目负责人和技术负责人

C．施工单位的项目负责人和总监理工程师

D．施工单位的技术负责人和总监理工程师

54．根据《合同法》的规定，建设工程施工合同不属于（　　）。

A．双务合同　　　B．有偿合同　　　C．实践合同　　　D．要式合同

55．下列选项中，关于民事诉讼的基本特征，叙述正确的是（　　）。

A．当事人约定诉讼方式解决纠纷的，人民法院才有管辖权

B．除简易程序外均采用合议庭制

C．所有民事案件审理及判决结果均应当向社会公开

D．一个案件须由两级人民法院审理才告终结

56．下列选项中，关于建筑节能的说法，错误的是（　　）。

A．企业可以制定严于国家标准的企业节能标准

B．国家实行固定资产项目节能评估和审查制度

C．不符合强制性节能标准的项目不得开工建设

D．省级人民政府建设主管部门可以制定低于行业标准的地方建筑节能标准

57．根据《建设工程勘察设计管理条例》的规定，下列说法不正确的是（　　）。

A．发包方可以将整个建设工程的勘察、设计发包给一个勘察、设计单位；也可以将建设工程的勘察、设计分别发包给几个勘察、设计单位

B．建设工程勘察、设计单位不得将所承揽的建设工程勘察、设计转包。但经发包方书面同意，可将除建设工程主体部分外的其他部分的勘察、设计分包给其他具有相应资质等级的建设工程勘察、设计单位

C. 县级以上人民政府建设行政主管部门或者交通、水利等有关部门应当对施工图设计文件中涉及公共利益、公众安全、工程建设强制性标准的内容进行审查

D. 国务院对全国的建设工程勘察、设计活动实施统一监督管理

58. 根据《产品标识与标注规定》的规定，对所有产品或者包装上的标识均要求（   ）。

A. 必须有产品质量检验合格证明

B. 必须有中英文标明的产品名称、生产厂厂名和厂址

C. 应当有警示标志或者中英文警示说明

D. 应当在显著位置标明生产日期和安全使用期或失效日期

59. 工程监理企业在实施监理过程中，发现存在非常严重的安全事故隐患，而施工单位拒不整改的，应该（   ）。

A. 继续要求施工单位整改   B. 要求施工单位停工，及时报告建设单位

C. 及时向有关主管部门报告   D. 积极协助施工单位采取措施，消除隐患

60. 下列选项中，没有发生承诺撤回效力的情形的是（   ）。

A. 撤回承诺的通知在承诺通知到达要约人之前到达要约人

B. 撤回承诺的通知与承诺通知同时到达要约人

C. 撤回承诺的通知在承诺通知到达要约人之后到达要约人

D. 撤回承诺的通知于合同成立之前到达要约人

二、多项选择题（共 20 题，每题 2 分，每题的备选项中，有 2 个或 2 个以上符合题意。至少有 1 个错项。错选，本题不得分；少选，所选的每个选项得 0.5 分）

61. 当事人一方不履行合同义务或者履行合同义务不符合约定的。在合同对违约责任没有具体约定的情况下，违约方应当承担的法定违约责任有（   ）。

A. 继续履行   B. 采取补救措施   C. 赔偿损失

D. 支付违约金   E. 定金

62. 根据《劳动合同法》的规定，下列选项属于用人单位不得解除劳动合同的情形的有（   ）。

A. 在本单位患职业病被确认部分丧失劳动能力的

B. 在本单位连续工作 15 年，且距法定退休年龄不足 5 年的

C. 劳动者家庭无其他就业人员，有需要抚养的家属的

D. 女职工在产期的

E. 因工负伤被确认丧失劳动能力的

63. 总承包单位依法将建设工程分包给其他单位施工，若分包工程出现质量问题时，应当由（   ）。

A. 总承包单位单独向建设单位承担责任

B. 分包单位单独向建设单位承担责任

C. 总承包单位与分包单位向建设单位承担连带责任

D．总承包单位与分包单位分别向建设单位承担责任

E．分包单位向总承包单位承担责任

64．根据合同中的规定，建筑施工合同中约定出现因（　　）时免除自己责任的条款，该免责条款无效。

A．合同履行结果只有对方受益　　B．不可抗力造成对方财产损失

C．履行合同造成对方人身伤害　　D．对方不履行合同义务造成损失

E．故意或重大过失造成对方财产损失

65．民事法律行为的成立要件包括（　　）。

A．法律行为主体具有相应的民事权利能力和行为能力　　B．行为人意思表示真实

C．行为内容合法　　D．行为方式符合行为人意愿

E．行为形式合法

66．按照《招标投标法》及其相关规定，在建筑工程投标过程中，应当作为废标处理的情形有（　　）。

A．联合体共同投标，投标文件中没有附共同投标协议

B．交纳投标保证金超过规定数额

C．投标人是响应招标、参加投标竞争的个人

D．投标人在开标后修改补充投标文件

E．投标人未对招标文件的实质内容和条件作出响应

67．根据我国宪法的规定，公民的宪法权利包括（　　）。

A．在法律面前一律平等

B．有言论、出版、游行和示威的自由

C．有宗教信仰的自由

D．对任何国家机关和国家工作人员有批评和建议权

E．有维护祖国的安全、荣誉和利益的权利

68．某律师接受当事人委托参加民事诉讼，以下属于委托代理权消灭的原因的有（　　）。

A．诉讼终结　　　　B．当事人解除委托　　C．代理人辞去委托

D．委托代理人死亡　　E．委托代理人有过错

69．根据《行政复议法》的规定，下列选项中不可申请行政复议的有（　　）。

A．建设行政主管部门吊销建筑公司的资质证书

B．人民法院对保全财产予以查封

C．监察机关给予机关工作人员降级处分

D．建设行政主管部门对建设工程合同争议进行的调解

E．行政拘留

70．建设工程中常见的施工合同主体纠纷一般包括（　　）。

A．因承包商资质不够导致的纠纷　　　　　　　B．因无权代理与表见代理导致的纠纷

C．因联合体承包导致的纠纷　　　　　　　　　D．因"挂靠"问题而产生的纠纷

71. 人民法院审理行政案件，审判庭组成符合法律规定的有（   ）。

A. 审判员独任   B. 审判员、书记员   C. 审判员三人以上单数

D. 审判员、陪审员三人以上单数   E. 陪审三人以上单数

72. 建设单位的安全责任包括（   ）。

A. 向施工单位提供地下管线资料   B. 依法履行合同

C. 提供安全生产费用   D. 不推销劣质材料设备

E. 对分包单位安全生产全面负责

73. 有（   ）情形之一的，用人单位可以解除劳动合同，但是应当提前 30 日以书面形式通知劳动者本人。

A. 劳动者患病或者非因工负伤，医疗期满后，不能从事原工作也不能从事由人单位另行安排工作的

B. 劳动者不能胜任工作，经过培训或者调整工作岗位，仍不能胜任工作的

C. 严重违反劳动纪律或者用人单位规章制度的

D. 严重失职，营私舞弊，对用人单位利益造成重大损害的

E. 劳动合同订立时所依据的客观情况发生重大变化，致使原劳动合同无法履行，经当事人协商不能就变更劳动合同达成协议的

74. 致使承包人单位行使建设工程施工合同解除权的情形包括（   ）。

A. 发包人严重拖欠工程价款

B. 发包人提供的建筑材料不符合国家强制性标准

C. 发包人坚决要求工程设计变更

D. 项目经理与总监理工程师积怨太深

E. 要求承担保修责任期限过长

75. 某建设工程施工合同履行期间，建设单位要求变更为国家新推荐的施工工艺，在其后的施工中予以采用，则下列说法正确的是（   ）。

A. 建设单位不能以前期工程未采用新工艺为由，主张工程不合格

B. 施工单位可就采用新工艺增加的费用向建设单位索赔

C. 由此延误的工期由施工单位承担违约责任

D. 只要双方协商一致且不违反强制性标准，可以变更施工工艺

E. 从法律关系构成要素分析，采用新工艺属于合同主体的变更

76. 下列选项中，属于民事法律关系客体的有（   ）。

A. 建设工程施工合同中的工程价款   B. 建设工程施工合同中的建筑物

C. 建材买卖合同中的建筑材料   D. 建设工程勘察合同中的勘察行为

E. 建设工程设计合同中的施工图纸

77. 发包人具有下列（   ）情形之一，致使承包人无法施工，且在催告的合理期限内仍未履行相应义务，承包人请求解除建设工程施工合同的，人民法院应予支持。

A. 未按约定支付工程价款的

B．提供的主要建筑材料，建筑构配件和设备不符合强制性标准的

C．施工现场安装摄像设备全程监控

D．施工现场安排大量人员

E．不履行合同约定的协助义务的

78．对于可撤销合同，具有撤销权的当事人（   ），撤销权消灭。

A．自知道或者应当知道权利受到侵害之日起一年内没有行使撤销权的

B．自知道或者应当知道撤销事由之日起六个月内没有行便撤销权的

C．自知道或者应当知道撤销事由之日起一年内没有行使撤销权的

D．知道撤销事由后明确表示放弃撤销权的

E．知道撤销事由后以自己的行为放弃撤销权的

79．依据《招标投标法》，下列项目中（   ）必须经过招标才能进行。

A．铁路、公路、机场、港口等工程建设项目

B．能源、交通运输、邮电通信等大型基础设施

C．供水、供电、供气、科教等公用事业

D．施工主要技术采用特定的专利或者专有技术的

E．世行贷款的污水处理厂

80．下列选项中，属于投标人之间串通投标行为的有（   ）。

A．招标人在开标前开启投标文件，并将投票情况告知其他投标情况告知其他投标人

B．投标人之间相互约定，在招标项目中分别以高、中、低价位报价

C．投标人在投标时递交虚假业绩证明

D．投标人与招标人商定，在投票时压低标价，中标后再给投标人额外补偿

E．投标人无进行内部竞价，内定中标人后再参加投标

参考答案

一、单项选择题

1. B	2. D	3. C	4. D	5. B	6. A	7. C	8. C	9. C	10. A
11. C	12. C	13. D	14. D	15. C	16. B	17. C	18. C	19. A	20. C
21. D	22. D	23. A	24. C	25. D	26. B	27. D	28. D	29. A	30. C
31. D	32. A	33. A	34. D	35. D	36. D	37. A	38. B	39. D	40. A
41. C	42. B	43. C	44. C	45. D	46. C	47. A	48. D	49. D	50. C
51. B	52. D	53. D	54. C	55. B	56. D	57. D	58. A	59. C	60. C

二、多项选择题

61. ABC	62. ABDE	63. AE	64. CE	65. ABCE	66. ACE
67. ABCD	68. ABCD	69. CD	70. ABCD	71. CD	72. ABCD
73. ABE	74. AB	75. ABD	76. ABCE	77. ABE	78. CDE
79. ABCE	80. ADE				